FEASTING WILD

荒野飨宴

寻找最后的驼鹿

In Search of the
Last Untamed Food

Gina Rae La Cerva
[美] 吉娜·雷·拉瑟瓦 著
杨佳慧 译

人民文学出版社
PEOPLE'S LITERATURE PUBLISHING HOUSE

著作权合同登记号　图字 01-2023-2934

图书在版编目（CIP）数据

荒野飨宴：寻找最后的驼鹿 /（美）吉娜·雷·拉瑟瓦著；杨佳慧译 .—北京：人民文学出版社，2023
ISBN 978-7-02-018158-2

Ⅰ.①荒… Ⅱ.①吉… ②杨… Ⅲ.①人类—关系—野生动物—通俗读物 Ⅳ.① Q958.12-49

中国国家版本馆 CIP 数据核字（2023）第 137112 号

责任编辑　汪　徽
责任印制　苏文强

出版发行　人民文学出版社
社　　址　北京市朝内大街166号
邮政编码　100705

印　　刷　三河市龙林印务有限公司
经　　销　全国新华书店等

字　　数　204千字
开　　本　880毫米×1230毫米　1/32
印　　张　11.5
印　　数　1—8000
版　　次　2023年11月北京第1版
印　　次　2023年11月第1次印刷

书　　号　978-7-02-018158-2
定　　价　58.00元

目　录

序言　伤心的驼鹿

七月中旬，我请了几个朋友来品尝伤心的驼鹿（Heartbreak Moose）。

我点燃烧烤炉和几根蜡烛。头顶的一棵四照花树为我们的晚宴提供荫庇，种荚里偶然失足掉落的种子在餐盘银杯间蹦跳。

我将这块冷冻的伤心驼鹿肉真空密封好，夹藏在毛衣之间，用行李箱将它偷偷从瑞典带回来。在肯尼迪机场过海关时，我像个毒贩新手一样紧张。

我将伤心的驼鹿肉做成小汉堡，肉里混合猪油、焦糖洋葱、蒜末以及我妹妹种的香草。料理中，我回忆起目睹这只动物死亡时的场景，那是一座水汽弥漫的湖畔密林。我把肉饼放在烤面包上，夹着香菇和摘自沿路一个河畔湿地农场的家传番茄。我们品尝着未驯化生物的味道。我想起了那个杀死驼鹿的人。

然后我们一小口一小口地将我的悲伤全部消化掉。

* * *

在99%的历史记录中，人类食用捕猎和采摘来的食物。猎人依照猎物的生存模式构建自己的生活方式，而采摘食物这一方式让我们与定居和时令有了牵扯。尚不遥远的二百年前，北美居民近一半的日常饮食仍然来源于野外——鹿肉、野禽、量大而便宜的海鲜，甚至有一些地方的人吃海龟。如今，大多数人拒绝食用任何非家养或未经人工培育的食材。食用真正的野生食物[①]变得异常罕见。

曾经被视为贫穷和勉力糊口标志的食料如今成了奢侈品。世界顶级餐厅为它们的精英顾客提供采摘来的野菜，“寻觅来”的风味和“带点腥味”的肉已成为财富、精致和纯净的标志。“野捕”鱼类的价格远高于养殖鱼类，而且还在稳步上涨。那些最受欢迎的野生食物，如来自热带雨林的野味[②]和东南亚的可食用燕窝，正在成为与黑市、仿冒品和暴力挂钩的全球贸易商品。与此同时，那些仍然依赖野生食物生存的人，即使身处最偏远的地区，其生活方式也不可避免地发生着迅速转变。

对无法种植或生产的食物，我们的渴望似乎正在变化。饮

① wild food，虽然没有固定释义，但通常指未经人工培育的动植物。——编注
② game meat，指通过捕猎野生动物而来的肉类。——编注

食依赖仍然是我们与大自然最亲密、最稳定的关系，但它往往也是我们最不容易意识到的。当我进入食杂店，各类食物令我眼花缭乱。但与我们曾经品尝过的各种风味相比，这些选择黯然失色。我们在驯化自己的饮食方式时，也无意中驯化了自己。我们究竟错过了什么快乐？我们哀悼着失去了一些自己不完全理解的东西。

野生环境的缩减减少了我们对食物的选择。据估计，到21世纪中叶，我们将失去30%至50%与我们共生在这个星球的其他物种。每天都有数十种生物灭绝。在标准统一且可预测的口味下，众多可食用物种及其变种已然消失。我们总是会感觉身体好像缺少了某些极其重要的养分。

我们对野生食物的偏爱由来已久，保护野生食品的自然产地催生了部分早期环境保护法的诞生。因此，我们与野生食物的故事，与我们对“野生”（wildness）的定义密不可分。“野生”一度是无法了解之物的代名词，是一种永远无法被完全理解或掌控的自然状态。但随着定居殖民主义[①]席卷全球，“野生”一词展露出一些负面含义，并被用来替充满暴力的欲望和侵占陌生文化、地区的行为进行辩解。“野生的自然独立于驯服的文化”这一观点开始盛行，我们的生态系统也日渐人工化。短短的几

① 定居殖民主义（Settler-colonialism）：指殖民者完全占据了原住民的土地和生活，并宣告其对新领域的所有事物拥有主权的一种殖民形式。——编注

个世纪，整个世界都在用本国的野生食品换取海外的异域驯兽。

尽管女性是世界各地的主要粮食种植者，并且对种植粮食的田地和森林极其熟悉，但纵观历史，她们对荒野的知识却未被记载。妇女在“自然历史”一书中仅被记录为“缺席”，是被置于页边的可忽略角色，只能沦为脚注，与土著民、奴隶和被剥削的土地身处同位。

因此，从根本上讲，拯救野生食物就是要恢复我们的共同遗产。环境危机的紧迫性正是我们必须放慢脚步、花费时间、谨慎行动的原因。狩猎和采摘让我们挣脱时钟，并要求我们同时注视万物与虚空。

食用鲜有加工的、最纯粹的，而非优育的、单作栽培的，更未经无数背后之人的双手辛劳的食物是什么样的感觉？品尝野生食物，或者说，在这样一个几乎被人类所主宰的世界中，最趋近“野生”的食物，意味着什么？

我的食欲驱使我深入思考。

本书集合了各种感想，它们同时存在，缠绕交织，各种机缘巧合让它们显得尤为重要。读者可以做两种解读：一种是悲剧，一种是希望。如果你相信这是一个讲述衰退的故事，你可能会看到一片人为的荒原。相反，如果你愿意见识希望，我们营造的封闭景观将会是一座不可被驯化之物的花园。又或许，它其实两者兼备。这本书就像一本自然之书，不仅呈现着单一含义。

*　*　*

在大快朵颐前，我准备先说段祝酒词。我想起了研究期间遇见的几位刚果妇女，以及她们行李箱中藏着的非法野味。

“野生食物——不同于驯化食物——的奥妙在于食物本身具有自己的故事。我想要和你们说说我这只伤心驼鹿的故事。”

“故事长吗？”一位之前已经听过的朋友问道。

“那我就从中间开始讲起。”我答道。

我怀着一颗仁慈的心和一个空空如也的胃，从故事中间讲起。我向你们描述此番探险，只为让你们了解仍然被我们享用和已经被我们遗忘的那些野生食物。只为重获与自然本质的联系。只为进行一场跳出历史和时间的旅行。

我们将品尝这些未经驯化的美味，而这些美味也会带我们领略广袤且恣意随性的过去。每一碟美味都是一种已消逝的生活方式的再现，也是一个新兴传统的诺言。

让荒野飨宴焕发新生！

第一部分

关于记忆和遗忘

草药和昆虫

试验厨房 —— 丢失的钱包 —— 与克尔凯郭尔的鬼魂一起觅食 —— 野蛮的艺术 —— 风味地图 —— 朋克摇滚主厨 —— 充盈的时间

我身处“全球最佳餐厅”的实验厨房里，并且快要吐出来了。环顾四周，大厨们正伏案于自己的烹饪研究。头顶传来沉闷的雷鬼音乐。

一位又高又帅、名为布拉德的澳籍主厨刚刚带我参观了一圈诺玛餐厅[①]的四间厨房，以及金属乐队[②]几周前就餐的私人餐厅。经过餐厅后厨时，我们停下了脚步，看着一个男人在一个

---

① 诺玛餐厅（Noma）：全球著名餐厅，曾四次获得“全球最佳餐厅”称号。位于丹麦哥本哈根。—— 如无特殊说明，本书脚注均为译注。

② 金属乐队（Metallica）：美国殿堂级重金属乐队。—— 编注

小棚子里，冒着九百摄氏度的高温，汗流浃背地烤一条鱼。一条头巾遮住了他的半张脸，我想象着他在那儿站了一天，十六个小时，既骄傲于自己的手艺，又在每一个疲惫的时刻加深对自己的暗自怀疑。

诺玛餐厅只使用来自北欧地区（斯堪的纳维亚半岛、芬兰、冰岛、格陵兰岛以及法罗群岛）的烹饪原料。不用柠檬，不用橄榄油。不使用这些基本食材烹调一餐着实是个挑战。厨师必须在野生食材中找到相似的口味。为了跟上食材季节性的变化，菜单每个月要调整五次，餐厅还雇用了一名全职饲养员。

我们来到了实验厨房，布拉德和我站在货架旁，上面摆着成排的实验食品罐头。“这些是瑶柱，我们这样烘干它们。”布拉德边说边打开了一个罐头，“之后我们会用蜂蜡将其乳化，就是我们通常制作乳脂软糖的方法。”罐子里的东西看不出原貌，散发着一股像是发臭脏衣服的难闻气味。这股气味穿过鼻腔直蹿我的大脑，在大脑新皮质层遇见了来自胃部的信号。信号诉说着我刚刚吃完包含二十一道菜的午餐，撑得不行，在这个高个子男人面前我又太过紧张，实在闻不得。我开始作呕。艺术大师雷勒·雷哲度[①]从正在进行的拍摄中转过身，惊恐地凝视着我——我怎么敢在他的实验厨房里作呕。确实，我怎么敢的。

① 雷勒·雷哲度（René Redzepi）：丹麦厨师，也是米其林三星级餐厅诺玛的共同所有者及主厨。

*　*　*

让我再从头开始。我一到哥本哈根就丢了钱包。在火车站和我住处之间的某个地方，它决定逃离我的包。于是，我原路返回。和觅食一样，只有当你在寻找非常具体的某样东西时，你才会注意到其他那些被遗忘在脑后的事物。我沿路发现了一颗粉红色的纽扣、塑料包装纸、使用过的火车票、烟头和一块立在人行道上的旧墓碑，上面刻着“这世间有你的痕迹”。火车站附近的自动取款机旁，一个衣衫褴褛的女人坐在那里，她瞪大的双眼里充满疲惫和恐惧。

我幻想着某个人捡到了我的钱包。他们会知道些我的什么信息？我在耶鲁的身份证件——那上面的我看起来像是个俄国间谍；三种不同国家的货币；一块心形的小琥珀和一块极轻的火山岩碎片；我在海滩上发现的一块发黑的骨化石；一根小羽毛；好几家银行的好几张信用卡；过期的健康保险；几张纸条，上面写满了书面意见、待办事项清单、闪现的灵感、无意中听见的陌生人说的话以及被我带着近乎痴迷的固执紧握不放的只言片语。还有我的驾照——照片中的我看起来像一个刚刚抢劫银行、正兴奋发狂的女骗子。拍那张照片时，我宿醉得厉害，因为前一晚我在酒吧遇见了比尔·默瑞[①]，问他有无我可以做的工

① 比尔·默瑞(Bill Murray)：美国喜剧演员。

作，还和他坦白我爱上了自己最好的朋友，并且威胁他不准泄露我的秘密。这个女人是谁？除了这些碎片时刻，她还有连贯的生活吗？有她归属的地方吗？

* * *

我来到哥本哈根，是为了了解为什么看似过时的采摘野菜正在复兴，这种行为需要顺应时间和地点。在诺玛餐厅吃午餐前，我加入了来自北欧食品实验室的食品研究小组，在安徒生墓园寻找可以吃的东西。没人知道在这里寻找野生食物是否合法，但这座城市里最好的厨师们都这么做。

这片墓地以拥有市区内最美味的野生洋葱而闻名。熊葱，也被称为阔叶大蒜、木蒜或熊蒜，属百合科，与北葱是亲戚。熊葱生长在潮湿阴凉的地方，花朵呈簇状白色，仲夏时，小花就会变成坚硬的绿色小豆荚。厨师们尝试通过腌渍熊葱豆荚，作为他们研究腌制食物风味产生过程的一部分。他们正在进行一个项目，试图了解发酵食品中各种化合物的功能。例如，辣椒和大蒜都含有影响乳酸发酵速率的抗菌化合物。通过调整这些化合物的比例，他们希望用更低的酸度创造出更多的风味。

确切来说，我们并没有"味感"。在我们的大脑中，风味的感知是由其他所有感官输入的——触觉、味觉、视觉、嗅觉、听觉——综合体，与更难以捉摸的记忆相结合而产生。虽然我们很难理解老一辈人的某些口味偏好和顾虑，但另一些口味又深深扎根于我们的集体意识中，在帝国的兴衰中幸存下来。一般来说，我们渴望甜的或充满油脂的食物，因为在人类历史的大部分时间里，我们饮食中的这些风味都是有限的。我们喜欢复杂的口味，因为它们意味着当中包含我们细胞所必需的微量元素；尽管我们可能生来不喜苦味，但我们学会了享受苦味。许多我们最爱的药物和兴奋剂都是苦的，这意味着它们的效力——这是一种叫作化感物质的分子造成的结果，植物常产生这种物质以抵御害虫。

感知某种东西的风味就像学习一门新语言。小时候，我们的大脑和味蕾做好准备体验新的味道。随着年龄的增长，我们的口味反而固化了。但我们的大脑具有可塑性，无论是个人还是整个社会，口味都会随着时间的推移而改变或扩充。味道是一种将智慧代代相传的方式。坐下来吃饭时，我们可以更新和修改自我对于环境的真知。这一行为本身就是数据。

对味道的感知之所以会进化得如此复杂，是因为它是我们生存的基础。早期人类必须在发现新口味或营养来源与冒险摄毒之间权衡。被新食物吸引与保持警惕的矛盾，即自由与约束间的矛盾，深深植根于我们的心理。

当然，食物美味与否在很大程度上需要依靠具体情景，饥饿时的疯狂会使人对食物来者不拒。口味会伴随绝望而改变。在许多方面，今天的我们依然很绝望。尽管三万种植物[1]曾被当作食品或药品，但我们现在主要依赖的植物只剩三十种。60%的人类饮食仅依托于三种一年生的作物：大米、小麦和玉米，其中还有两种只能煮熟后食用。我们80%的作物是一年生作物，每年都必须被翻耕并重新种植。几乎所有作物都是同系交配，因此无论在味道还是营养上，通常都比野生的同类物种更逊色，野生植物往往含有更高浓度的必需营养素，如维生素A和C、硫胺素、核黄素、铁和微量矿物质。食用各类野生食物能够提高肠道菌群的多样性，进而获得更好的健康指标。日益同质化和标准化的农业令我们感到厌倦。我们的精神、味蕾和身体都不是为这些单一化的食物而生的。

“也许我们以后会发现熊葱长在厨师的墓旁。”来自加拿大的年轻食品研究员约翰在我们走向墓地的后拐角时开玩笑地说。当我们漫步时，我注意到墓地里生长着大量其他可食用的植物，尽管它们大多都被用作装饰，但仍然有许多人采摘。在这样的城区觅食并非新鲜事——长期以来，移居者们一直利用他们新家园中的城市公园和绿地收获自己熟悉的作物，对于许多群体来说，这仍然是一种生存方式。

不过，城市觅食在“老饕”中也越来越受欢迎，尽管它存在潜在的健康风险（城市中生长的植物可能受到铅和其他重金属的污染），而且在许多地方是非法的。1986年，“野人”史蒂夫·布里尔（Steve “Wildman” Brill），也被称为“吃掉曼哈顿的人”，因非法采摘植物在中央公园被捕，这可能是备受关注的第一桩城市非法觅食案件。如今，他依然继续引领着城市的觅食之旅，而且他不是独自一人；可以识别食用植物的手机应用软件和社交媒体都推动了城市采摘活动的兴起。

“你如何看待最近的觅食潮流？”我问约翰，耳边传来附近割草机的马达声。

“这是一把双刃剑。”他说道，“更多的人对此感兴趣是件好事，但在没有相应知识的情况下兴趣高涨反而是很危险的。如何不去采摘可能致病或危及性命的东西，懂得不要什么都摘，还有要了解如何不破坏植物的栖息地更为重要。”

在寒冬食用了数月的腌制食物和肉干后，作为春天第一批露面的野菜之一，熊葱在传统意义上是一种深受欢迎的绿色蔬菜和维生素的来源。在美国，对于众多土著部落来说，包括切罗基族（Cherokee）、奥吉布瓦族（Ojibwa）、梅诺米尼族（Menominee）、易洛魁联盟（Iroquois）和齐佩瓦族（Chippewa），被称为北美野韭的熊葱近缘种是一种价值颇高且具有重要精神意义的植物。它们或被煮或被炸或被晒干以备冬季使用，人们还会将它制成补品以抵抗疾病。

饥荒年代，首批殖民者们大量食用北美野韭，以至于人们一想起它的味道就想到贫穷。今天，它们成了令人垂涎的食物。北美野韭叶子更具代表性的一个用途是制作香蒜酱，这种酱融合了草植和大蒜的风味。不幸的是，人们的需求日益增长，北美野韭遭过度采摘。它们生存面临威胁的部分原因是生长速度十分缓慢：无论何地，一颗种子要想长成一株可以食用的草植，都要花三到七年的时间。如果收割方式得当，即在根部上方掐断，留些鳞茎组织在地下，那么北美野韭便能再次发芽。觅食者的经验法是只取10%的食物，留90%给自然，但这在很大程度上取决于特定的植物以及在同一地区里采摘这种食物的其他觅食者的数量。根据一项实验的结论，要想可持续地收获北美野韭，那么每十年只能采摘其产量的10%。

对于许多美洲土著居民而言，北美野韭仍然具有很高的价值，尽管现代的环境法规已经中断了他们与这种自然遗产的联系。全美所有的国家公园都禁止采摘野生植物，但个别公园的监管员可以在他们认为合适的情况下监管他人采摘某些植物和真菌。2009年，切罗基族东部部落的一名成员被指控在大烟雾山国家公园非法采摘北美野韭，该公园是他们数千年来的传统家庭采摘地。切罗基人继续为自己在祖传土地上捕猎、收割的主权而斗争，为了减少对野生物种的依赖，他们已经建立了培育植物的项目。

从前，人们对野菜爱得深沉。串叶松香草是一种类似茴香的蔬菜，古典时期[1]作为一种宝贵的调味品和肉食动物的牧场饲料——据说它可以改善肉食的味道——被广泛使用。同时，它也是一种大众避孕药，可用于治疗消化不良、咳嗽、喉咙痛、发烧、疣和疼痛等多种疾病。由于受人推崇且经济意义非凡，位于北非的昔兰尼城在硬币上印压了这种植物心形的种荚图案。至公元前2世纪，由于过度采摘，串叶松香草濒临灭绝。据古代编年史记载，最后一株串叶松香草被当作一种新奇的玩意进献给了尼禄皇帝。

采摘这种行为意味着收成并无保证，我开始觉得熊葱难觅。但在克尔凯郭尔[2]的墓地附近，我们在一棵参天松树下发现了一些植被。

“两个世纪前，斯堪的纳维亚半岛的觅食活动就停止了。”约翰递给我一片熊葱叶说道，“人们认为这种行为很可怜。”

“所以我就吃这个？”我举起葱叶观察并问道。

“是的。”

“味道相当清淡。”它有一种甜甜的令人愉悦的味道，像一株未长成的韭菜，但也有点像豌豆。

---

① 古典时期（Classical Age）：又称古典时代，是公元前8世纪至公元5世纪以地中海为中心的历史文化时期。这一时期，古希腊和古罗马社会蓬勃发展。——编注

② 克尔凯郭尔（Kierkegaard）：作者此处指索伦·克尔凯郭尔，丹麦宗教哲学心理学家、诗人，现代存在主义哲学的创始人。——编注

“在生长季早期，葱叶味道十分浓烈，一旦开始开花，味道便会减弱许多，因为它的心思全在播种上了。”

“你会把发现的东西都摘走吗？”我问约翰。他正把一些绿色的小豆荚放进特百惠容器里。

“那要看是什么植物。像所有葱属植物一样，熊葱也有可以进行细胞分裂的鳞茎组织。所以，它们不仅能通过种子繁殖。现在时节很晚了，你可以看到一些花簇已经谢了。”他指着散落在地上的少量种球，“那里可能已经有活下来的种子了。”

我拿起一个豆荚放进嘴里咀嚼，它在口中释放出犹如一整瓣大蒜的爆炸性的辛辣。

我们很难明确指出，采摘野菜的野趣是何时复苏的。对食用觅食而来的食物的迷恋，以及将质朴浪漫化的烹饪活动，并不是专属现代的柔情，它们似乎是一种特别适合食物过剩时期的怪念头。罗马帝国晚期诗人贺拉斯（Horace）曾恋旧地记录下罗马共和国时期的日子，那时没人有私人厨师。他厌倦了过去参加的那些精心筹备的晚宴，渴望享用狩猎归来的猎人所吃的食物，和在自家田间收获的农民所吃的食物，劳作一天、精疲力竭的农民，坐在一碗最简单的谷物粥前，粥里的谷物颗粒由他的妻子亲手碾磨。

中世纪的鼎盛时期，也许是中世纪盛宴那种暴食行为的反作用，大自然被塑造成一个重新获得克己、自律和纯洁感的地方。十二世纪诗人约翰·欧维尔（Jean de Hauville）在他的讽刺诗《阿奇特雷纽斯》（*Architrenius*）中记述了一位有名无实的年轻英雄——阿奇特雷纽斯的旅程，他到访贪食之地，那里的"敬胃者们"恣意而活，全诗像是讲述着那个时代的老饕们的寓言。在感受了文明的邪恶和堕落后，阿奇特雷纽斯最终遇到了"自然"，"自然"居住在一片由鲜花点缀的田野里。为了治疗阿奇特雷纽斯的病，"自然"建议他迎娶名为"节制"的年轻漂亮的女人。

文艺复兴的高潮时期，奢华的宴会再次成为潮流。在重获关注的古希腊和古罗马道德哲学启发下，世人将人类的巧计视为对最基本生活的玷污，一场反奢靡的运动浩荡兴起。讨论古代食谱和健康建议的饮食手册大量面世，书中经常强调，获得更幸福、更丰富生活的关键，就是食用更贴近本源的食物，同时要在面临饥饿之苦时学会自我控制。寻觅来的野植伴随糖和香料以调味品的形式出现，但正如一本手册告诫的那样，重要的是不要将它们用在"奢侈、欲望和放纵"[2]之下。

几百年后，至19世纪美国浪漫主义时期，人们抵制国内科学烹饪的新方法以及外国食材原料的涌入，并且迈出了原本的食物圈，走进森林；正如一位作者曾提及的那样，人们追求"全部消化吸收"[3]。结束一天的觅食后，亨利·大卫·梭罗（Henry David Thoreau）对"采摘食物"的品质表示赞赏，并沉思道："荒凉的十一月，走在黄褐色的土地上，咬一口白栎橡子，口中留下带苦的甜，对我来说比一片进口的凤梨更有滋味。”[4]

到更近些时候，20世纪60年代，作为日益高涨的“回归自然”运动的一部分，因家境贫困而学会外出觅食以补充家中日常饮食之匮乏的尤尔·吉本斯（Euell Gibbons）写出了《追寻野生芦笋》（*Stalking the Wild Asparagus*）一书。这本书出乎意料的畅销，书中提倡人们食用香蒲、松树的特定部位以及野花的可食用块茎，还有可在野外找寻到的其他食物。吉本斯很快便小有名气，现身许多电视节目，包括非常受欢迎的《约翰尼·卡森今夜秀》（*The Tonight Show Starring Johnny Carson*），甚至还主演了“Grape-Nuts”品牌的麦片广告。吉本斯出版了多本书，倡导“野生”晚宴，许多他主张食用的植物，如羊腿藜、蒲公英和马齿苋，如今成为各地农贸市场混合沙拉中的常见蔬菜。

无须太多想象就可以发现，当今世界依然保持着这种“食生”的趋势。在一个充满不快和浪费、腐朽和灭绝、污染和危机的世界里，野生食物是令人陶醉的象征。

当我们经过汉斯·克里斯汀·安徒生（Hans Christian Andersen）的墓地时，厨师们认为这里被维护得十分精心，于是进去挑拣了许多熊葱的种荚。离开墓地的途中，我们在核物理学家尼尔斯·玻尔（Niels Bohr）的墓碑前停了下来。“从真的坟头上摘东西是不是很荒诞？”约翰问。“但那里的贯叶连翘看起来真的不错……非常非常新鲜！”我们就此作别。实验室的厨师们去寻找人迹未至的幽闭之地，而我要去吃一顿非常昂贵的午餐。

* * *

当我从前门进入诺玛时，一群服务员和厨师立在门边，喊着我的名字欢迎我。餐厅内墙是刷成白色的石头，木制椅子经过人工处理后看起来像是褪色的骨头，毛绒的羊皮搭在椅背上，像温暖舒适的斗篷。黑色的陶器散落在桌面上，如同从一场岩崩中蹦出的巨石，餐桌中间放着白净的蜡烛，让人联想到结成冰的瀑布。

也许雷哲度大厨正试图模仿丹麦最著名的狩猎采集部族——埃雷布勒族（Erebølle）的装扮，他们的文化可以追溯到中石器时代晚期（公元前4500年）。埃雷布勒族半定居式地生活在沿海地区，通过与内陆农民交易来获取抛光的石斧。他们在河口建造的用来捕鱼的木栅栏制作精良，有些已经屹立了六千年。

诺玛餐厅并没有成文菜单，因此每道菜都像是一种感官惊喜，一场传递未知讯息的自然之旅。

一颗布满斑点的小鹌鹑蛋——先煮，再腌，然后点燃干草，用烟熏的方式增添风味，最后放进粗麻布里。是为了模仿燃烧

的田地的气味吗？还是一种唤醒收获时节感观的记忆装置？

清炒摘于瑞典北部的驯鹿石蕊——只有一点点，用陶瓦盘呈上，盘里还放了一块石头和一根树枝来模拟采摘地的景观。驯鹿石蕊呈黄绿色，口味像是炸薯条，但在舌头上的触感如天鹅绒。

由野蘑菇和采摘来的海藻制成的冰激凌。“超级健康。富含维生素和抗氧化物质，让你感觉自己身轻如燕。”服务员微笑着道。

大菱鲆佐酱汁（由旱金莲、野生酢浆草和掺有辣根的奶油调配而成）。

我旁边的一桌人正在讨论减肥、食谱以及如何更健康。

黑刺李配香草。

另一桌人的对话是关于一家连矿泉水都有侍酒师负责的餐馆，他们有四十种瓶装水。

由酵母面包中的酵母菌转化成糖后炼成的焦糖，配以冰岛酸奶和沙棘制成的酸果酱。

“试图在费城找寻食物，肮脏的地方。那儿只有针头。”附近桌上的食客边吃边说道。

红醋栗和薰衣草。

“我们以前更喜欢实验。”服务我的侍者一边说，一边放下一把木勺和一只瓷碗，里面盛着洋甘菊的干花和豌豆。“想当第

—总是会受到各种限制的。”

卷心菜和海马齿。

有些菜，像是焦糖奶冻和鳕鱼肝，无法激发出我的任何情感、记忆和心境。菜品味道太重会使食客分心，无法设身处地地感受。

烤焦的甜菜，甜到心伤。

另一些菜会把我带回童年，带我回到长大的地方——新墨西哥州的高山沙漠地区。故意烤至微焦的鲜花饼让我想起了母亲花园中恣意的盛放。我坐在干涸的河床边，用泥巴和沙土做了些馅饼，上面是紫红色的三色堇和深紫色的红千层，正午的干热令我这位主厨的身形显得有些矮小。时过境迁，我的口中依然充斥着可食用的火焰草、刺柏浆果和成熟的红色仙人掌果实那种带着泥土气息的味道。

白芦笋、黑醋栗叶配大麦。

服务员的鼻子蹭脏了一块，好巧不巧地还正要为我呈上下一道菜，是烤狗鱼头，用扦子穿起，小火慢烤而成。焦味让我想起了悠闲平和的沙滩时光，那时的我还太小，无法体会这段经历的珍贵。那天，我抓到了活鲯鳅，用篝火烤着吃，当天的夕阳融化在波涛汹涌的加勒比海水中，我害羞地冲着对面一个十几岁的男孩笑，新鲜的青柠汁顺着我的下巴往下流，我那刚刚形成的属于青少年的性意识在某个看不见的地方绽放。

欧当归配欧芹。

我面前摆了一个木碟，里面是闪烁着粉色光泽的鞑靼牛肉，上面点缀着被急速冷冻过的红褐山蚁。我咬了一口，这种黑色的小生物便在口中爆开，喷溅出又酸又青涩的柠檬草和松木末的味道。

没有饥饿这一驱动力，在并非极度食物匮乏的时期吃蚂蚁，诺玛餐厅的菜肴展现出的矛盾之处，正是一种对缺乏之物的迷恋。雷哲度曾查阅一本20世纪60年代的瑞典军队生存指南，将其作为识别可食用野生食物的最早参照之一，这种方式没什么可惊讶的。即使你从未经历过饥荒，诺玛餐厅也很乐意为你创造这种记忆，这样你就可以体验到只有消除极度饥饿才能带来的快乐。

当然，吃昆虫这种行为仅在西方世界是一件稀罕事。在亚洲、非洲和南美洲，约有一千九百种昆虫是当地人饮食的一部分。因此，最近西方人对制作蟋蟀蛋白棒的兴趣，仅代表着我们在追赶其他国家。尽管如此，人们对吃未知食物的恐惧仍然颇深，西方人的味蕾似乎特别忌讳昆虫，而这种尝试一直存在。1885年，文森特·霍尔特（Vincent M. Holt）发表宣言《我们为什么不吃昆虫？》（*Why Not Eat Insects*），文中极其仔细地研究了食用昆虫从营养优势到控制农作物害虫等方面的广泛益处。他很困惑，人们会吃龙虾“这种肮脏的食物”[5]，却不愿意吃昆虫这种以健康的植物和花朵为生的食物。

我又尝了一口红褐山蚁。我记得自己第一次吃虫子时的场景。那是尚未进入青春期时，一个令人愉悦的夏日。我滑着旱冰在市中心溜达，会因为给游客指错路陷入小麻烦，也会偷锥筒标，会打给公用电话，然后看着那些经过幽灵电话的路人露出困惑的表情，我陶醉于当一个90年代的街头混混，穿着裁短的牛仔裤，用发圈束着马尾，去对抗那些我没法用言语表达的东西。

一个炎热而懒散的下午，在小镇广场上胡闹过回家后，我和一个朋友决定在她家杂草丛生的院子里找蚂蚱。我们并不饿，只是处在青春期的边缘，有着感觉无聊的天性。这事儿太容易了。新墨西哥州灿烂的阳光令每一只昆虫都在干草的叶片下无从遁形。我们用橄榄油把它们炸得嗞嗞作响，又干又脆，然后挑战吃下那些皱巴巴的虫子。当我终于鼓起勇气，咬掉烧焦虫尸的头时，感觉就像是在品尝某种与众不同的自由。

*　*　*

口味是我们欲望的地图，但它不是一成不变的。随着世界变化，地图必须改变。野生植物如何变成了一种稀缺的美食？为了理解觅食活动的复兴，我们必须找寻这一常识消逝的路线。

采集食物一直以来都被视为女性的工作，也许是因为我们拥有观察季节和应对变化的特殊能力。可能最早的时节概念出现，就是用以规划我们吃的各种植物。女人们对她们采摘来的植物了如指掌。一些草药拥有魔力——女人知道如何使用它们——蕴含着治愈或诅咒的力量。

据部分估计，早期人类社会，正是女性负责提供了每日摄入的大部分卡路里。尽管如此，岩画中除了那些史诗般的狩猎场景外，很少会展现出食物采集的画面。西班牙的阿拉马洞穴（Cueva de la Arama），一幅中石器时代的岩画描绘了当时人们采集蜂蜜的情景。人类制作的第一种工具很可能就是用树皮编织而成的背包，用来把采集到的食物带回家。不过，我们不能确定。这些工具在历史中消逝——背包消失了，而石器却在时间的波涛中幸存下来。

同样，没有人确切地知道植物培育和动物驯化最早出现的时间和原因。一些人认为，在一系列内因影响下，农业逐渐取代了狩猎和采集：人们渴望食用甜度更高的植物和脂肪含量更高的动物。还有其他证据证实了一系列外因：大约一万两千年前的气候变化结束了冰河时代，迎来了全新世[①]，这极大地改变了我们进化后的生态系统；人口数量不断增加，人类再也无法依赖稀少的野生资源；或者是因为更多的定居群体积聚了大量

① 全新世（Holocene Epoch）：地质年代的最新阶段，国际地层委员会将格陵兰岛 GRIP 冰芯记录中新仙女木事件结束的时间定为全新世的开始。——编注

的食物，统治了游牧的采集和狩猎人群。

或许，最初的农耕活动是个意外：采摘来的几根植物根茎掉落在回家的路上，便重新扎根；晚餐时随手扔掉的种子在熄灭的篝火旁发芽。考虑到女性在采集活动中的地位，她们很可能注意到了这些事件，于是开始驯化植物成为家庭作物。我们确实了解到，最早的主要农业作物是由曾作为日常饮食中主要组成部分的野生作物演变而来的：近东[①]的谷物、中美洲的玉米和豆类，以及中国的水稻。

在培育驯化的过程中，有机体越来越依赖我们来喂养和庇护它们，反过来，我们也越来越依赖它们。令人惊讶的是，挨饿的风险并没有因农业发展而降低，尤其是在作物育种刚刚起步的初期。在人类历史的大部分时间里，我们食用的都是季节性的食物，随着种植业的兴起，等待庄稼收获季的到来成为必然。储存食品也存在风险，囤聚的粮食可能会腐败或被他人抢走。

从许多身体指标来看，农场主不像狩猎采集者那样强壮：他们的寿命更短，身材更矮小，随着生活方式向农业化转变，糖尿病、心血管疾病和蛀牙等问题都变得更加常见。当我们聚集在更大的村庄中，寄生虫和感染病的传播风险也增加了。生活质量的倒退对妇女尤其不利，相比于主张人人平等的狩猎采

① 近东（Near East）：通常指地中海东岸周围的土地，包括非洲东北部、亚洲西南部，偶尔也包括巴尔干地区。—— 编注

集者社会，她们在农业制度下获得蛋白质的机会变得更少。耕种一种农业作物所需的劳动力比采集作物更多。这种对额外帮助的需求，再加上因新型疾病和饥饿导致的更高的儿童死亡率，意味着妇女需要生育更多的孩子，这也是造成她们身体压力的主要负担。

随着农业成为主要的食物来源方式，野生植物承担了新的精神价值。在铁器时代的春季丰收仪式中，人们为确保丰收，向女神那瑟斯（Nerthus）献上人祭。人祭者先吃一顿仪式餐，其中至少包含六十三种不同植物的种子，大部分是我们今天所认为的杂草。

与此同时，人们越发大规模地采摘野生植物，将其作为农业社会过渡早期产生的疾病的治疗药品。古希腊和古罗马的医生认为，草药的治愈能力并不存在于它们的芽和叶内，而是蕴藏在它们与人类的需求和愿望相辅相成的相似之处上，也就是所谓的"以形补形"。如果一朵花长得像眼睛，那么它就可以治疗眼睛的感染。如果花瓣是三角形或是肉色的，像人类的心脏，那么这种植物就可以治疗胸痛和心痛。中世纪时期，这一信念再次席卷欧洲，依赖野生植物的治疗方式，盛行于精神和身体疾病。

贫困时期，野生植物也是食物。13世纪中期，黑死病夺走了数百万人的灵魂，导致近60%的欧洲人口死亡。随着人口数量的减少，农场工人越来越少，许多农田荒芜，食物所剩无几。当富人大快朵颐野味肉类、野鸟和异域水果时，贫困的幸存者只得探索他们衰败的社会，将附近田地、树篱和森林中随处可见的食物用大锅乱炖：大蕉和锦葵、酸模[①]和荨麻；野生胡萝卜的木质根、欧防风、韭葱、参芹和芜菁；野草莓的叶子、紫罗兰和玫瑰的叶子；苔藓、海蓬子、菊苣、两节荠、西洋菜、北美独行菜、风铃草、岩荠、欧报春、黄花九轮草、沙滩芥和海韭菜；毛茛、欧蓍、毒麦和光滑还阳参！布丁里添加了一百种草本植物。这些野生植物浓烈、苦涩的味道似乎也决定了吃它们的人的生活方式。

起初，教会并不阻拦人们去野外觅食及使用草药。许多修道院有广阔的药用花园，僧人们撰写了关于草药的大量手稿。其中大多数是以古典时期最早创作的文本为依托，如《药理》(*De Materia Medica*)——一部关于草药的五卷本百科全书，由1世纪希腊医生狄奥斯科里迪斯本(Dioscorides)撰写而成。在几个世纪的过程中，这些书被一遍遍手抄复写，一点点修正，加入新的故事和俏皮话，这部不断发展的手稿，慢慢积累成为中世纪时众多的巨著之一。其中最全面的一本是《伯德医书》(*Leechbook of Bald*)，一本写于9世纪的医学著作，当中列出了

① 酸模(dock)：钝叶酸模，又名大羊蹄，为蓼科酸模属下的一种多年生草本植物，高40—150厘米，分布于各大陆温带地区。

从治疗头痛到脚痛等多种病痛的草药疗法。

但是，即使到了印刷技术得以发展的15世纪，这些手抄书仍算稀有，普通人依然无法接触到。因此，大多数有关草药的知识都作为民间医学流传下来，由母亲传给女儿；这是一种继承，对一位贫苦的乡村老妇而言，相比于她能给予女儿的其他任何财富，这些知识更有益于女儿保持健康。

野植最广为人知的用途或许是避孕。许多欧芹科植物（如野生胡萝卜）含有类雌性激素分子，食用这些植物可以预防或终止意外怀孕。但是就过去而言，女人掌控自己的身体是一件危险的事情，教会和男性医学专业人士，开始限制在没有监督的情况下使用和交易采集来的植物。那些继续实践医药技艺的聪明女性被认定为女巫。1450年至1750年，在欧洲和北美，约有三万五千至十万人——当中大部分都是女性——被指控进行野生加工[①]勾当并被处死。

殖民时期，人们加速抛却对野生食品的常识。在与欧洲产生接触前，美洲有近一亿土著人，有大约一千至两千种语言。他们赖以生存的不同种类的植物数量巨大。据估计，在北美大陆，与欧洲人接触前的美洲人会使用超过两千六百个物种，其中近一半专门药用。这些植物中只有不到一百种由人工种植，

① 野生加工（wildcrafting）：指从自然或“野生”栖息地采集植物作为食物或药用的做法。——编注

其余的都是自然生长。

有皱叶酸模、蔷薇果、醋栗叶片、宽叶慈姑和垂序商陆的幼苗，有美国稠李、狼雪果和野牛果，还有檫木芽和野花旗参的新鲜酸味。春天是大根春蓼的嫩芽，秋天是马克西米利向日葵的块茎，第一场霜冻后的块茎最甜。人们用水煮柳叶马利筋的根，将它的种子和野牛肉一起炖煮，晒干它的花苞以备冬季使用。野生芜菁，也叫草原萝卜，对苏族[①]人来说至关重要，他们狩猎营地的位置往往就是由这种食物的生长之处决定。希达察[②]的猎人们将葵花籽压制成球，用切片野牛心包裹，当作功能零食吃掉。阿西尼博因人（Assiniboine）会在夏天采摘玫瑰花苞，混合牛脂与干浆果，而太平洋西北部的沃斯科（Wasco）部落会将地衣和风干鲑鱼搭配食用。

如今，全球近60%的人类食物，包括许多我们最喜爱的食物，都可以追溯到美国原住民。我们忘记这一点并非偶然。从1492年到18世纪后期，土地使用的变化、监禁、战争、种族灭绝以及疾病的肆虐，使美国原住民人口减少到原来的5%。伴随着这场种族灭绝，数千年的环境知识消失了。

短短几个世纪内，伴随殖民主义而来的巨大人员和货物流

① 苏族（Sioux）：是北美平原印第安人中的一个民族。广义的苏族可以指任何语言属于印第安语群苏语组的人。

② 希达察人（Hidatsa）：亦称米尼塔里人 (Minitari) 或密苏里格罗斯文特人 (Gros Ventres of the Missouri)。

动（通常被称为哥伦布大交换），将大量物种在全球传运，如此一来，世界生态系统的组成从根本上发生了不可逆的改变。殖民者从古国带回药用和调味用的草植，种在自家花园中，当中还有许多散播到了周围的农村里。被奴役的非洲人偷偷带来了西瓜、蓖麻、葫芦、蒜香草、秋葵、高粱、黑眼豆和多刺山药的种子，这样他们就可以种出一种家乡的味道，让自己感觉不那么孤单。这些被当作救赎的种子，就像自由的遗物，长成了当地的主要作物，比惨死的短命种植者们活得更为长久。

博物学家的任务是在海外寻找有经济价值的野生植物，然后带回国内销售和培育。他们乘着商船以物换取自由通行权，像某些侵入性的杂草一样，足迹踏至世界尽头。他们到过中国、北美和南美、近东、南太平洋和好望角、日本和婆罗洲。随着每一轮殖民扩张，新的植物被带至殖民地种在种植园中，像是糖、剑麻、茶、面包果、天然橡胶和鸦片，而其他一些则作为外来物种实例，被送回本国，在温室里培育和研究。另外一些植物无意中搭上了这些船，于是在新的地方生根发芽。

植物被连根挖出，装进罐子，然后塞在草皮或苔藓扦插之间，放入木箱。为防止船上的猫钻进去，木箱用钉子钉牢。或是把挖出的植物装进小型容器，不断洒水保持湿润，直到可以移植。最易成活的植物会被种在装满土的木盆和小桶中，而脆弱难活的种子则用蜂蜡包裹，保护它们不受潮气和霉菌的影响，这样一来，它们就可以在移植前保持自身的植物性能。

为了防备因嫉妒想要偷走或损坏植物样本的船员，少数坚守职责的博物学家会带着他们的藏品到处行走。当船上的淡水不足时，他们会把自己的少量份额分给努力存活的植物。如果后勤保障无法同时满足自己的生活和植物样本，他们会恳求船医、文雅的乘客和值得信赖的朋友来照看他们的珍贵“海货”。

返航的船只上挤满了来自殖民地的利润更高的货物，船长们常常无视“船舱特权”[6]中存放植物标本的严格指令。相反，植物们被胡乱丢到难以触及的缝隙和角落里，被放在寒冷潮湿的前舱，任霉菌和老鼠摆布；或是被放在储藏室里，面临着缺乏日晒和酷热的危险。在甲板上，它们任由海水浪花和疏忽大意的水手摆布。常常，这些外来物种抵达目的地时，早已死亡、发臭、腐烂，沦为圆胖难看的根和干枯的茎。据估计，在旅途中幸存下来的植物不到五十分之一。如此漫长的工作被彻底摧毁，不是引发学者大彻大悟，就是导致他们神经错乱。

试错和实验大大提高了保持外来物种存活的成功率。移植存活的关键似乎在于：在适当的季节运送植物和重建原始生态；保护根部周围的土壤；冬天需要把加拿大的树苗埋在雪里；在热带蕨类植物喜热而宽大的叶片周围，铺上半透明的塑料罩，并且只在春季海运它们。

人们十分看重对野生植物的研究，这些研究也成为启蒙时期许多知识框架的根基。各种想法从遥远的贵族庄园被娓娓道出，传至伦敦和巴黎的植物园，跨越大西洋，在数千名植物收藏家的手中流传，后又再次回到欧洲。这些信件被收入通信辞书。对于一些以前极为普通，导致没有任何烹饪书或草本植物志收录在内的野生植物，植物学家们煞费苦心地描述、编目及重新命名。这些异国草本的背景一片空白，它们生长的地方完全不得而知。百科全书的编纂需要持续一生，伴随每一项新的园艺学突破不断更新。世间绿意遍布。

尽管如此，在这些活动的背后，博物学家还是非常依赖土著和奴隶为他们采集植物样本、收集知识。世界上最早描述美洲植物的手稿之一是《印第安人草药小集》（*Little Book of the Medicinal Herbs of the Indians*），这是一本阿兹特克人[①]的草本植物志，原文为纳瓦特尔语[②]，1552年被翻译成拉丁语。被奴役的非洲人最为了解美洲的自然环境，因为他们经常寻找野生食物来弥补口粮不足，或者在野外寻找药用和萨满仪式用的草药。下毒可能是奴隶摆脱主人掌控的最好方式之一，对他们而言，了解野生植物的特性意味着得到自由或是接着被奴役。殖民地的博物学家在自己的工作中利用了这一点。1687年至1689年，医

① 阿兹特克人（Aztec）：北美洲南部墨西哥人数最多的一支印第安人。其中心在墨西哥的特诺奇，故又称墨西哥人或特诺奇人。

② 纳瓦特尔语（Nahuatl）：纳瓦特尔语也叫纳瓦特语，简称纳瓦语，指犹他－阿兹特克语系（Uto-Aztecan）中阿兹特克分支之下的一些语言。

生兼植物学家汉斯·斯隆（Hans Sloane）抵达西印度群岛，并和当地的奴隶进行了广泛的交流，最终带回了近八百件植物样本。

当地的女性们知晓一些最不为外人知的植物用处，就和欧洲的女性一样，她们从自己的母亲和祖母那里了解到植物作为治疗和避孕工具的用途。女性殖民者也是一种植物信息的出处，因为她们往往通过寻找外观熟悉的野菜来熟悉自己的新家园。

几百年来，人们一直默认，他们欠下在几个世纪里传承着这种智慧的女性们一笔债。13世纪，热那亚的西蒙·科达（Simon Corda）向一位“克里特岛的老太太”[7]请教了这些植物的希腊名称和用法。15世纪的医生奥托·布伦费尔斯（Otto Brunfels）称他的植物学“线人”是“极其专业的老妇人”[8]。1557年，主要在波兰工作的瑞士植物学家安东·施尼伯格（Anton Schneeberger）公开声明，自己“并不会因为是一位老农妇的学生而感到羞愧”[9]。18世纪，对于帮自己采摘草植的妇人们，约瑟夫·班克斯爵士（Sir Joseph Banks）以每件样本六便士的价格支付给她们薪酬。

但以启蒙运动的标准来看，民间知识并不科学。首先，面对欧洲的精英受众们，这些植物学知识必须被精挑细选，借此盖过首先发现这些知识的人的贡献。由殖民地女性所写下、描述她们所见植物的信件被重写，并被装进男性植物学家的信件和小册子中。医学院大肆教授植物学，而女性不可以参与其中，就像她们无法成为皇家研究员和植物园的成员一样。无论她们的探索或科学出版物多么伟大，女性总是被看作业余爱好者或观光客。

尽管博物学家依赖于女性发现的知识，但对于贫苦的欧洲女性来说，运用自己所知的草药知识变得越来越难。在英格兰和欧陆其他地区，圈地运动将可供采集的公共土地变成私人财产，这一行为使某些类型的农业活动更加高效，并为工业革命解放了劳动力，但它也破坏了许多野生植物曾经繁衍生息的多样生态系统。沼地干涸。草地被翻起。森林被砍伐。荒野被篱笆圈起。

与此同时，曾经常见的当地植物变得越来越稀少，这一情况吸引了上层阶级。浇上黄油和醋汁，或用糖和香料调味的野菜沙拉，很快成为所有贵族盛宴中的一员。自然哲学家凯内尔姆·迪格比爵士（Sir Kenelm Digby）以琉璃苣和牛舌草、马齿苋和酢浆草、有喙欧芹和甜菜叶为食。约翰·伊夫林（John Evelyn）写了一篇完整讨论可用作沙拉的可食用植物的论文，名为《论述沙拉》（*Acetaria: A Discourse of Sallets*）。水飞蓟是一种春季生野生植物，通常煮熟后食用，非常受人欢迎。1694年，威廉·韦斯特马科特（William Westmacott）哀于它的过度采摘和消失，写道："随着世界衰败，想要吃些健康且古老，更好吃也更普通的食物也是愈发艰难。"[10]杂草甚至可以令最华丽的瓷器更加动人。1790年，《丹麦之花》（*Flora Danica*），一本包含丹麦野生植物插图的植物图册，成为哥本哈根皇家瓷器厂制作的一千八百份餐具的灵感来源。每一件餐具的图案都由手工绘制。

到18世纪初，植物已经成为帝国扩张最主要的象征和工具。各种各样的国内可食用野生植物被交易，换取一系列由国外引进培育的植物。采摘而来的植物已经失去了与女性维持生计和生存的联系。基于土地的实践曾需要通过行动被教程习得，它转化为民族志的文献，这些被抛却的知识与其他被遗忘的文本一起，存放进尘封的图书馆中。

* * *

在诺玛餐厅吃午饭的前一天，我和一位朋克摇滚风的主厨朋友共进早餐。他是一个身材矮小的阿根廷男子，头发乌黑，说话迅速。他说的话和他的想法汇成了一股相互竞争的洪流。“大多数情况下，老饕们只是来这里看看诺玛餐厅，这很肤浅。”他说道，“他们对野味的看法太呆板了，只想要标准化的东西，剩下的全浪费。你甚至可以用那些被浪费的食物开一家新的餐厅！所有食物都是可造之才。”

他停下来喝了一口咖啡。

“是的，使用草植是丹麦文化的一部分。”朋克摇滚风的主厨继续说道，“使用草植不是什么难事。作为一名厨师，去森林里采摘东西倒是很辛苦。”

他给烤面包抹上果酱。

“但这些做派都是装的。丹麦东海岸的污染非常严重，简直跟疯了一样，波罗的海（Baltic）上往来船只不休，博恩霍尔姆岛（Børnholm）游人如织，你知道它是因鱼闻名吗？可是，岛上卖的烟熏鲱鱼其实来自摩洛哥。西海岸的情况要好得多，至少鱼的质量比东海岸好一百万倍，不过那儿的鱼很贵，需要有条船并花钱雇懂行的人捕捞。钓条鱼可贵了。”

我挖了一勺水果酸奶冻。

“我们四周环海，人们却吃猪肉。我们国家就是由猪肉构成的。四千万头猪，你看不见，但能闻到它的味道。那么多种着玉米的田地就是用来喂猪的。我们国家通过这种方式建立自己的形象，真是有点离奇。极简主义在这里是很重要，但是，到处又都离不开规则。只不过隐藏着看不到，但到处都有。这里枯燥单调，生活单调会导致思想单一。挪威人的想法就很狂野，也许是因为峡湾存在吧。”

这位朋克摇滚风的大厨在阿根廷的一个大城市长大，出于生活必需开始做饭，因为他的父母都需要长时间工作。12岁时，他就为自己和妹妹做晚餐。他说，“进食对我来说是一件意义非凡的事情”，在面孔再次变得柔软前，他一反常态地严肃了一会儿。“我把烹饪比作朋克乐。就像雷蒙斯乐队[①]一样，只需三

① 雷蒙斯乐队（Ramones）：美国乐队，朋克三和弦理论创始者。—— 编注

个单音就可以奏出佳乐。你不需要展示自己在30秒内能演奏得多快和弹出多少音符。”

这位朋克摇滚风的大厨搬到哥本哈根，在诺玛餐厅工作。四年后，他收拾好刀具，决定开自己的餐馆。但事与愿违。我并不完全知晓他是如何“失去”了自己的餐厅，但这件事与精神疾病有关。正如精神病患者常做的那样，他换掉了店内所有的锁。

我们对话中的某个词句突然让这位朋克摇滚风的大厨陷入了新的思绪涌动之境。他的想法变得激动而强烈。

“北欧美食，和它所有的矛盾之处，就像一个教派。对我来说，如果你想按教条行事，就不能半途而废，但没有人会百分之百按教条行事。你不能几乎是有机的，要么是要么不是。‘我们不用西红柿，因为它们并非产自北欧地区。’没错，但我们会用土豆，土豆也原产于美国。那么使用的限额是多少？它什么时候变成北欧的了？又是什么时候变成本地食物的？他们说话都一样。这他妈的是洗脑。”

他在椅子上微微动了动。身体前倾，屁股坐在椅子后半部，继续道：“诺玛餐厅教会了我做人，在那里，从事那么极端的工作，你知道的。从诺玛离职后，我能感觉到自由。现在，我做饭的时候并不会多考虑什么，只是单纯地做饭。以前做饭的时候，我很害怕，担心我要做的是错的，你会想得太多。这快把我逼疯了！你把酱汁加热了五度，没错，犯错了，都是细节。对我来说，那不是最适合我表达自己的地方。压力巨大的一天两次服务，你永远、永远都没办法放松下来。一天要工作十六到十七个小时，连续十七天。杀了我吧！我为什么要这么做？为了谁？不是为了我自己，这是别人的梦想。”

水面恢复平静。记忆的洪流已经流过。

“这个世界在很多方面都一团糟。现在我们知道了，以前都没发现。但这些年的生活还是令人兴奋的。可口可乐，二十年前它的影响力有多强？我想象不到开一家餐馆但是不卖可口可乐。不过现在我就不卖——因为我不想卖，人们也不再需要它了。没错，也许它很流行，或者说是时髦，可还是有别的饮品，人们会喝有机果汁或是自来水。这只是社会的一小部分。大公司可以推动变革，诺玛就很前卫。但从文化方面来说，它并不会改变丹麦。”

女服务员把账单放在了我们桌上。

“我真的，真的是一个愤世嫉俗、喜欢挖苦别人的混蛋，一个大混蛋。但对我来说，愤世嫉俗并不是不满意。愤世嫉俗意味着有意识、清醒、有知觉。我不相信因果关系、巧合。我在的地方就是家。我在很多地方都宛若归乡。”

我听说的最后一条消息，是他成了一艘帆船的船员，在格陵兰岛某些不知名的峡湾探险。当船在隆冬的风暴中来回颠簸时，他在狭小的船舱里烹饪他的哲学美食。

*　*　*

我们每天采摘食物，不断进化，最终，这种好奇心驱使我们穿越地图上的未知地带，带领我们在狂风肆虐海上漂泊，并给旧地方取了新名字。黑暗令我们自在。

我们通过接触和摸索找到了路。尝一口这个，咬一口那个。对于喜欢的东西，我们一次又一次地折返。这是一种与智商无关的方法，因此最早的烹饪具有一种偶发性的美感。

我们大脑中最古老的部分，是将感官和情绪联系在一起的部分。人类的消化道中有五亿个神经元，涉及二十个不同的种类，身体对食物的反应就像对性刺激的反应一样。两者都会导致口齿生津，刺激一种被称为克劳泽终球（Krause's end bulbs）的敏感神经结构。它们位于舌头表面以及嘴唇的褶皱中，性器官里也有它们的身影。我们不知道哪个部位首先进化，是我们的爱的能力，还是我们的烹饪欲望。

在诺玛餐厅用餐到最后，我感觉自己就像是一个美食的瘾君子，正在感受摄入过量带来的收益递减。我尝到了太多味道，想到下次进食就绝望，过多的刺激令我疲惫不堪。我已经达到饱和状态了。

脱敏这种神经现象是众所周知的。我们不能平等地记录每一种感官知觉。我们神经系统的逻辑是在众多干扰信息中找到一个信号——一种过往状态发生突然改变的信号。如果刺激不断重复，那么每个神经细胞都会抑制自己沿着神经通路传递信息，直到出现了新的刺激。

这样一来，吃饭就很像爱上某人。起初，这种新奇令人吃惊。每一口都很不同寻常。然后，随着时间流逝，这道菜变得家常，直到有一天，即便是我们体内最会叫嚣的享乐因子也变得服服帖帖。

与其说诺玛餐厅给我们带来了新奇的味道，不如说它让这些普通的味道不再平凡。在工业化、单一栽培的食品系统中，过度培育和标准化让我们失去了最原始的风味。我们失去了这些美味，就像失去了荒野。诺玛餐厅迫使我们认识到食用野味带来的感官享受，因为这是我们无法人工制造的东西。

只有生活丰裕，野菜才能成为一种美味，一种奢侈品，因为获取的机会毕竟有限。这是给那些从现代资本主义经济和社会结构中获益最多的人的一餐，而现代资本主义本身就对物种和生态系统的巨大破坏负有责任。在消耗了文明所能提供的一切之后，我们沉迷于野物，因为在许多方面，它们已经不复存在。

来自特定地区的植物意味着什么？内里有自己的历史吗？我们有没有可能知道更多？这有关系吗？

再怎么说，诺玛也不是一家本地餐馆。北欧面积辽阔：如果你把瑞典沿底边翻折，它能延伸到西西里岛。就距离而言，相比于捕捞北海中的海胆，地中海里的海胆才算当地产物。但它们的味道不同。来自北欧北极地区的海胆鲜甜而饱满，而地中海里的可怜海胆内只剩盐水。

在变幻无常的限制边界内，食物一路长途跋涉，但食客需要跋涉更远才能吃到。整个过程中不存在采摘食物的不确定性，也不会无聊或需要长时间等待，更不需要确切知道某个采摘地点。有了钱，就有了从海外购买这些食材的能力。这家食客正在为大量的时间买单。

就好像这些记忆中的行为可以赦免我们所有的罪过。就好像我也并非和自己的胃口串通好一样。

我费力咽下了装在旧饼干罐里的甜点：一块蘸着巧克力的炸猪肉条和一团蘑菇状的东西，尝起来有巧克力和菌菇的味道。主厨布拉德来接我去参观厨房。

你已经知道后来是怎么发展的了。

正是这样，我的大脑陷入了尴尬和担忧，我的肚子里充满了奇怪的味道，我决定从诺玛走一小段到自由城克里斯钦尼亚（Freetown Christiania），看看能否弄明白为什么我突然犯恶心，或者至少缓解一下这个情况。

自由城是一个无政府主义的村庄，毗邻两个相互连接的湖泊，通常被认为不受城市法律的约束。众多人工搭建的房屋点缀在水域周围杂草丛生的绿地上。我走进一条摊贩林立的街道，里面出售各种各样的小食和大麻制品，这一中世纪般的场景让我想起农民兜售自家蔬菜；我来到一个中央啤酒园（central beer garden），那里挤满了悠闲晒太阳的人。

当我漫步在环湖的泥泞小路上时，身边的一切都笼罩在一片令人愉悦的烟雾中，时间变得无序而相对，由于我的感官变得敏感，空间进入了一种断断续续的维度。

我还在消化胃里的食物。

诺玛是在展现过去的神话吗？是为了保持人与地球之间一系列逐渐消失的关系而做出的最后努力吗？还是一个未来的神话？一个我们想要创造的世界的重新表达（在那里，人们高度重视野性，并真的渴望生活在更靠近已被我们铺平并遗忘的土地上）？

在可以俯瞰到更小的那个湖的几级混凝土台阶上，我遇到了三个人，他们都是移民，来自不同的非洲国家。他们住在瑞典边境附近的一个小镇上，喜欢来自由城，因为在自由城不会被干涉。

“这里热情好客。”其中一名男子边递给我一支大麻烟卷边说道。另一个男人在我的黑色小笔记本上写下了他以前的名字——一个在这个新国家不再使用的名字，并说：“我的村庄在呼唤我。我已经离开太久了。”他的表情随着回忆而变化，在回忆的喜悦之下，又有一种对失去之物的悲伤，以及不知自己能否重新获得的不确定性。

我和这三个人，沿着两个湖中较大的那个湖旁边的林荫小道散步。经过一个五彩斑斓的夹板房的院子时，我们遇见了一个女人。她正在用被切掉瓶口的旧酸奶容器和塑料水瓶种花。塑料反射出湖面的波光，如同一面镜子透过棱镜将光折射在她的皮肤上。一个来自北非的男人冲着这幅静物图对我示意，并说道：“这就是爱。”

男人们沿着他们的路走开，我继续我的路。

我走到湖边。一对嬉皮士情侣在一块可以俯瞰水面的平坦岩石上晒太阳。男人来自哥本哈根，而女人是一位来自波兰的旅行者。我说道：“我的曾祖母也是波兰人。”这个女人有些巫师的本事，她说了一个关于我未来的预言，但我没有把它写下来，我会忘记它。

“为什么这里的人这么冷漠？”我问。

“当然，你可以说是天气原因——这里的人要配得上黑暗的冬天嘛，但实际上我认为是历史原因。”那个男人说道，“这么多代人被殖民统治，一波又一波的入侵者和战争。我们成了一个与世隔绝的民族。哥本哈根是最开放的城市，也是最种族主义的城市，它就是一个矛盾的城市。”我离开这里，留他们好好谈恋爱。

虽然诺玛餐厅的乡野盛宴是关于圈地外的空间，但如果没有圈地这种破坏性行为，也就不存在圈地外这一说了。我们很容易就会忘记，这种美食依赖于我们采摘的草植所生长的墓地地区，依赖于那些为了巩固自己的权力而禁止普通人买卖药草的基督教理论家，依赖于支持这种不同生活方式实验的富裕游客。

在覆盖着防水布和织物的球形屋顶旁，我和一个围着浅紫色头巾的漂亮穆斯林妇女坐在一起，她正等着她的朋友一起回对方家。几条狗在院子周围嗅来嗅去。“我想写下来。”她说，“证明我的文化也是美丽的。我想解释清楚我为什么不喝酒，也不随便交友。在这里，解释我的世界是一场斗争。尽管我在这里出生、长大，但这是一片陌生的土地。当然，哥本哈根也是我的城市，我是穆斯林，但这不代表我就不是一个真正的丹麦人。”

下午天色渐暗。我走过一张摆满盛宴的桌子。有装在水晶杯中的美酒、熏鱼罐头、碗装的沙拉、苹果和奶酪。一群人围坐在桌子旁，在淡黄色的灯光下看起来很快活。一个健壮的金发男人站起来走向我。“我想请你参加，不过这只是我们邻居之间的一个月度聚会。”他带着歉意的微笑说道。然后，他向我解释了自由城的历史，说到起劲之处，他指向一排整齐的小房子，屋前是刷成红色的门廊和各种各样的自行车。“我的父母，他们来到这里以示抗议，并占用了土地。这里本是一个废弃的军事基地。多年后，政府创建了一个自治区，并赋予我们这块土地的所有权。现在我在这里养家。我们共同处理垃圾、学生上学之类的活动。”

他露出另一种亲切的微笑：“下次再来，你可以和我们一起吃饭。”

他年轻的妻子走了过来，两个小孩在拽她的腿。他眼中充满朝气，她的眼睛里却充满了疲惫。我为此继续徘徊。

也许我们永远无法真正磨灭过去，只保留了如今幸存下来的元素，如今的遗物在我们的餐馆里，就像我们博物馆里堆积的古物。不过我们仍然热衷于未来，沉迷于成为那些尚不存在的事物的预言者，追随着我们错误的味觉，穿越历史的黑夜，寻找共同的记忆。

随后，我走到哥本哈根一处完全不同于别处的地方——法国大使馆。川流不息的人们从低矮的石门进进出出。我走过一条漆黑的地下通道，来到一个院子里。远处的墙边搭了一个舞台，一位外交官十几岁的儿子正站在舞台上，穿着紧身的皮夹克，配着糟糕的流行音乐合成器，夸张地哼唱着他尚未经历过的那种深沉的浪漫爱情。

当男孩唱歌时，一群俊美的人啜着香槟，抽着香烟，试图将自己喝醉后的傻笑伪装成类似赞美的模样。绿色和橙色的灯光在石墙上反射，随着乐队的节拍闪烁，人们的脸在断断续续的阴影中变成了滴水嘴兽[①]。这位歌手全身心投入，唱完最后一个音符，他鞠躬致意，觉得自己颇有名望。尽管观众不时响起的掌声并非如此，但他的衷心感谢是真诚的。

也许这种对野生生物的崇敬是历史的偶然，是一种进化的产物，在不同年代反复出现，甚至我们以为是自己在做决定的时候，以及我们开始相信自由意志观念的时候。追求美味成为通往新领地的桥梁。当我们追求更难以获得的味道时，我们接触了更多样的食物。追逐好奇的胃口，创造了全新的人类。它改变了我们的生活史。始于嘴巴这一外界守门人，随后在心灵的神秘结构中，变成了我们称为文化的无方向变体。所以，慢慢地，我们忘记了地球的历史就是我们自己的历史。很快，我们就无法再在黑暗中感到自如。

回家的路上，我在一间店面虽小却人声鼎沸的酒吧止步，喝了点威士忌，在角落里的电视上看世界杯。从这一刻起，我唯一留下的就是坐在我旁边的醉汉在我的黑色小笔记本上写下的一句话。离开酒吧后，我买了一份炸豆丸三明治，然后躺在床上很快地吃掉，随即便睡着了。

---

① 滴水嘴兽 (gargoyle)：传说世上曾经存在着一种被称为“滴水嘴兽”的生物，又称“石像鬼”。他们有着强壮的身体、锐利的爪子和有力的翅膀。白天，他们只是高塔的石像；但当夜晚来临，他们就会活动起来，成为黑夜的守护者。

注释：

1. “三万种植物”：Aaron Reuben, Yale School of Forestry and Environmental Studies, July 1, 2014, https://environment.yale.edu/news/article/profile-ashley-duval-conservation-through-cocktails/
2. “奢侈、欲望和放纵”：Paul Freedman, ed., *Food: The History of Taste* (Berkeley: University of California Press, 2007), 305.
3. “全部消化吸收”：Samuel Hammond, *Wild Northern Scenes; or Sporting Adventures with the Rifle and the Rod* (1857), 23.
4. “咬一口白栎橡子，口中留下带苦的甜……”：Henry David Thoreau, *The Writings of Henry David Thoreau: Journal XIV* (Boston: Houghton Mifflin, 1906), 265.
5. “这种肮脏的食物”：Vincent M. Holt, *Why Not Eat Insects?* (1885).
6. “船舱特权”：Christopher M. Parsons and Kathleen S. Murphy, “Ecosystems under Sail: Specimen Transport in the Eighteenth-Century French and British Atlantics,” *Early American Studies* 10, no. 3 (Fall 2012): 523.
7. “克里特岛的老太太”：Agnes Arber, *From Medieval Herbalism to the Birth of Modern Botany* (Oxford: Oxford University Press, 1953), 317.
8. “极其专业的老妇人”：Otto Brunfels, *Herbarum vivae eicones*, vol. iii, (Strasbourg: Johann Schott, 1530–32), 13.
9. “并不会因为是……而感到羞愧”：Arber, *From Medieval Herbalism to the Birth of Modern Botany*, 318.
10. “随着世界衰败……”：William Westmacott, *A Scripture Herbal* (1694).

同蘑菇和野蜂蜜一起出现的巨型野兽

家的记忆——波动的边界——古栎树——驯养和野生的意义——史前野兽——一场小型起义

我在沙漠中的一处旱谷里曾有个家，旱谷很宽，延至天边，抬头便是高耸的雪山。在新墨西哥州一片二十英亩的土地上，我的父母亲手建造了一座利用被动式太阳能[1]的房子，我就在那里长大。这座迷宫般的房子由木头、瓦片、石板和黏土建造而成。我父母住在一间圆形卧室里，卧室由泥墙建成，墙上还裹着用于黏合的干草。屋顶“斜木”，或叫房椽，是他们在垃圾场里找到的旧电线杆，每根的侧面都有一块被钉上去的金

① 被动式太阳能（passive-solar）：指使用窗户、墙壁和地板来收集、储存、反射和分配太阳能，而主动式太阳能（active-solar）系统则是使用机械或电气类设备。

属牌。我花了几个小时想象天花板木纹里的生物，还吓唬我妹妹说，木板上那些节疤掉落后留下的洞里会掉出来蛇。雕花的门，书架上的秘密隔层，厨房里的隐藏抽屉，木质火炉和火光摇曳的壁炉，墙上的壁龛，地板上的羊皮，还有门外的一排紫色丁香。我在泥土和火焰中长大。

我在这里就是个野孩子，常坐在花园外的一棵小松树上。自树根向上，树干分出三个枝丫，形成了一个和我身形一样大的僻静角落。我在树上一坐就是几个小时。听渡鸦在日出时放声大笑，斑鸠在日落时呻吟感慨。我看着蚂蚁们搬运结晶颗粒，风把尘土吹上湛蓝的天空。

我总是脏兮兮地回家，然后拔下腿上的仙人掌刺和手指上的仙人掌茸毛，指尖也总是因给饱满的果肉——是我在岩间搜寻难觅的角蜥短暂小憩时的野生营养品——剥皮而染成红色。有些时候的晚上，父亲会带我和我妹妹去夜色初罩的小山上采摘酸涩的野生树莓、苦苦的穿叶春美草和甜甜的美丽耧斗菜。

我们家的宠物都葬身于郊狼和老鹰之口。有时，野狗也会出现在我们家门口，只要它们亲人，我们就会收养它们。但我对这些事向来不太上心。

母亲的花园是一片神奇的绿洲。童年的每个夏天，她都能想方设法在干燥的沙漠土地中培育出郁郁葱葱的植物，那是一种我尚未完全掌握的植物炼金术。某年夏天，一大家子淡粉色的竹节虫定居在了我们的植物园。它们像未经雕琢的珠宝一样在花粉中神采飞扬，直到有一天，它们全都消失了。我将永远记得与黄褐色的沙子和灌木丛形成鲜明对比的青葱草木，以及西红柿田里的响尾蛇。

* * *

时值初夏。我在波兰境内的一辆火车上。火车驶过一望无际的绿色田野，单调的色彩中夹杂着几抹亮色的冲击。火车轨道旁震荡不安的路堤上，血红色的罂粟被吓掉了花瓣。

几栋房子出现在火车窗外。我看见远处有一辆邮车，在偏远的农舍间疾驰，扬起一阵尘土。一旁的田野上，有个红发小男孩，只穿着一条内裤，坚毅地锄了一排地。还有个男孩，留着顶部隆起的寸头，牵着一头套绳的牛，好像牵着一只过度饲喂的宠物。

我觉得心里七上八下的。焦躁。疲惫。这些天来，我发现自己总是在一阵恐慌中惊醒。心里有些东西变了。我的记忆总是出错，这段记忆也不例外，所以很难说这种感觉是新出现的，还是被我忘却早已有之的。

车内逐渐变暗。车外，田野变成了森林，化身松树的国度。欧洲大陆曾森林密布，“荒野”（wilderness）一词的根源便可追溯至早期日耳曼人对森林的描述。这个词意味着土地是任性的，是一片完全无法被人类欲望控制或征服的野性自然。森林似乎蕴藏着一种未知元素。六七世纪时，一些宗教信徒会隐遁至这些树林中探寻上帝的踪迹，他们依靠林中的植物根茎、浆果和树叶为生，直到自己感受到神性的指引。

森林的命运一直与森林中猎物的命运纠缠不休。古时的国王在森林狩猎，并颁布了最早的环境法来保护为他们提供肉类的土地。如今，几乎所有的欧洲原始森林都已消失，但我来到波兰就是为了探寻最后的一片，见证消逝的美食狂热的遗迹以及王室口味的残存地。

我的曾外祖母埃丝特在附近的一个林中小村（schetyl）长大。村庄从来不会属于同一块区域太久，土地的边界经常伴随着战局变化而改变。在埃丝特出生前，她的村庄属于普鲁士帝国；到她的童年时期，村庄变成了俄国的一部分；在她逃离家乡去到一个更安全的国家后，这块土地又被归为波兰。现在，这个村庄已经荡然无存。

埃丝特的家园长期处于围困中。每一个新的入侵者都试图迫使犹太人皈依自己国家的宗教和信仰。第一次世界大战是一段丑陋且动荡的时期。村庄里空无一人。森林被烧毁，一片荒芜。树桩点缀着荒野，犹如骇人的尸块。那些绘制国土边界的人掌握着人民。

为了逃离这片残暴的土地，无数犹太人带着他们母亲留下的食谱，移民至远方，万物皆可抛，食谱贵珍藏。为了适应新的居所，他们赋予自己新的姓名。

“身为犹太人就意味着你的血液中流淌着三千年的苦难。”这是2019年秋天我们围坐在厨房中岛旁，我母亲开玩笑说的话，“谁会想要这份遗产？”她笑道。

“你的曾外祖母埃丝特高大严厉，也相当漂亮。”我母亲告诉我，“她喜欢喝俄式茶：茶泡得又浓又苦，喝的时候要在舌下含一块糖。”

1919年左右，十几岁的埃丝特来到美国。她用了自己丈夫的姓氏，或许叫豪普特曼（意为高个的人），为了名字听起来更像美国人，她又改名为安特曼。当他们在全新的国度开始新生活时，他们隐瞒了自己是犹太人这一事实，因为就像他们的姓名一样，这个身份并不值得骄傲。但她的信仰在食物中得以延续。

“她们总是煮鸡汤——我们把它叫作犹太人的青霉素。”我母亲回忆道，“公寓里总是有一股鸡汤的臭味，无酵面团子[①]、罗宋汤——还是很好喝的、布利兹饼[②]，我记得还有厚厚的黑面包。”

---

① 无酵面团子（Matzah balls）：由未加入酵母发酵的面团混合黄油、鸡蛋制成，与鸡汤一同炖煮，是犹太人节假期的主食。

② 布利兹饼（Blintz）：一种源于犹太人的夹馅薄卷饼，是七七节（犹太教三大朝圣节日之一）的主要食物。

埃丝特成年后的大部分时间都住在布鲁克林，但夏天时，她们全家会在卡兹奇地区租间房子避暑。我母亲记得埃丝特一直在找寻一种野植，她称之为酸草，是一种味道浓烈的野生菠菜。埃丝特会把它熬煮成淡绿色的饮品，并给它起了个名字叫查夫（chav）—— 一种宽慰夏日无所事事的痛苦的滋补品。

除了这些，我们对埃丝特别无所知。

*　*　*

我去看了一棵树龄七百多年的老栎树，它就长在路边。不同的人对它的叫法不一。每位新统治者上台，都会重新发现这棵树，然后重新给这片土地取名。不知何故，经过几个世纪的砍伐，这棵老栎树依然屹立不倒，或许仅仅是因为它足够老迈。今天，它与这片地区其他六棵树龄相近的栎树一起，被视为波兰的国家纪念碑。

这棵夏栎正在慢慢腐朽，闪电在它的身上留下伤疤。树枝上布满了小洞，为了防止鸟儿在里面筑巢，洞上还挂着网。树干的底部有一个大洞。1880年，人们在洞外安装了一扇木门，还安排了一名警卫在外看守。有人声称树洞内可容纳十一名士兵。

我从夏栎这里沿小路向上走，穿过一小片阔叶林。瞥一眼远方，地平线那端的沙砾翻滚着涌进波罗的海。高地顶点是一座简陋的哥特式教堂，由粉刷成白色的石头砌成。走进门，螺旋式的楼梯旁悬挂着一个巨大的、饰着鹿角的木制十字架。十字架边，由贝壳制成的圣母玛利亚正抱着她襁褓中的婴儿。她头上的光轮是一圈色彩淡雅且自带条纹的白樱蛤，长袍由无孔贻贝制成，接缝处缝缀着欧洲玉黍螺。她纤细的颈项上饰着一条琥珀项链——一种神秘的时间凝练品，汇聚了千棵古树和数百万个晴天的能量。

教堂外，三名穿着灰绿色制服的林务人员围站一起。地区负责人的双手撑在皮带下的两侧髋关节上，戴着一副嵌着变色太阳镜片的粗框眼镜，系一条深绿色领带，领带结附近绣着一只小小的欧洲马鹿。波兰的林务人员最近刚被本国人民选为“全国最值得信任的公务员”，这些人看起来也很为自己的工作自豪。

波兰境内的大部分森林都是受到高度管理的人工种植林，是基于“基础林学”种下的松树或云杉，它们树龄相同，高度也几乎相同，不自然地排列成线。波兰国家森林组织成立于1924年，是一项民族主义事业；从一开始，该组织就以其等级和军事价值为傲。第二次世界大战后，森林成为再生国家的象征，森林管理员是这一国家遗产的保管人，耐心地管理林业使其创收。他们疏通森林中的河流，排尽河水，晒干土地，然后种上了最畅销的品种——苏格兰松和挪威云杉，当然是排成一线的，这种针叶植物可以在贫瘠、夏旱的土地上茁壮成长。

不用和阔叶树争夺光照和水分，这些树木生长迅速，笔直挺拔，是木材的理想选择。枯死的下层林木被清除干净。一行又一行，每棵树的种类和树龄都相同，按照优化后的轮伐期进行砍伐。在经历了几个世纪的杂乱和无序后，这片土地再也不是原来的模样。森林终于变得合理了。

如今，持续了一个世纪的单一种植林业所带来的不利后果已经显而易见。人工种植林更容易受到昆虫入侵的破坏和暴风的袭击。所有树木的树龄相同、被种植成行，意味着栖息在原木腐烂的落叶中或在林下阔叶灌木中筑巢的鸟类和昆虫的栖息地在减少。如今，林业部门正在努力让他们的人工种植林看起来不那么像机械产物，而更像是网状系统，模仿生态健康的“野生”森林的特点，以增加生物多样性和恢复力。这种做法的影响有待观察。

下午，我在一个旅游胜地的餐厅里和护林人共进午餐。餐厅被故意做旧，用灰泥和砖块垒砌的墙上钉着肋木条[①]。在巨大的房梁斜条结构上方，天花板倾斜坡度极大。锻铁打造的枝形吊灯挂在被抛光打磨的木材条上。

我们坐在一张长度和房间平齐的桌子旁，桌旁共有二十八

① 指两根立柱之间装置若干平行横木的构造。—— 编注

个座位。桌上盖着一块白布，摆放着瓷器和银餐具。蜡烛插在华丽的铁质烛台上，将摇曳的火光投射在下方的食客身上。餐桌的中央，一束艳俗的奶油色鲜花从一个高高的水晶花瓶中垂下。

有人告诉我，午餐的主菜是野猪，我焦急地等待着我想象中的一大块烤肉。我饿了。

最早期的人类并非靠打猎觅食，而是捡拾动物剩下的兽肉。当成群的野狗和大型食肉动物吃腻了它们的猎物，夜幕降临时，我们人类克服自身的恐惧，胆怯地从猎物尸体上撕下了血淋淋的肉。肉是能量、热量和脂肪的主要来源，对肉的渴望可能是早期人类的一种适应性策略。在动物的骨髓和脑组织中发现的大量脂肪酸，以及在富含矿物质的肝脏和心脏中发现的微量营养素，是我们大脑开发的重要构成物质。当我们学会狩猎，我们开始聚餐，与合伙捕猎的同伴分享猎物，也在肉变质之前与人分享过剩的食物。

野猪的食用史至少已经有一万年了。在西班牙的雷米吉亚岩洞（Cova Remígia）中，一幅可以追溯到全新世早期（公元前8000—前6000年）的洞穴壁画描绘了六名弓箭手追逐野猪的场景。在画中，一些野猪被箭射伤，而另一些则是倒挂的模样，可能是死于箭伤。

罗马时期的故事也记录了人们捕猎野猪的行为，这些故事通常将这种行为和男子气概及权力联系在一起。小普林尼（Pliny the Younger，61—115）用网狩猎野猪，尽管抓到后，他勉强放下笔、拿起投枪才杀死野猪。马可·奥勒留（Marcus Aurelius）将野猪放在马背上带出围场，因为野猪是众所周知好战的动物，所以他小心翼翼地骑马全速奔驰，以免被受伤的野猪所伤。《古罗马人记事》（*Gesta Romanorum*）是一本中世纪的拉丁文轶事集，当中有一个故事记载了图拉真皇帝想要吃野猪的心脏，因为他"最爱野兽的心脏，胜过所有野兽肉"。但负责备餐的厨师禁不住诱惑，自己吃了它，然后让侍者告诉皇帝，"这只猪没有心脏"[1]。

对于欧洲中世纪的国王来说，野兽体型越大，捕猎越危险，价值也就越高。野猪正是这些危险物种之一，因此被列为"伟大的猎物"，尤其令人垂涎向往。在英国，野猪尤为重要，《末日审判书》（*Domesday Book*, 1086）通过测算森林中游荡的野猪数量来测量林地的大小。在中世纪的记述中，成群的野猪被称为"发声器"（sounder），被称为"阿尔戈斯"（argus）的悬趾是珍贵的狩猎战利品，野猪油脂则是送给穷人的一种药品。到了13世纪，由于英国过度捕杀野猪，致其濒临灭绝。然而，它们的神秘性依然存在。四百年后，查理一世（Charles I）为了将它们重新引入英国，不惜重金从德国购得一对。

如今，在波兰以及世界上许多其他国家，野猪已经成为一种常见且具有破坏性的农业害兽，在欧洲现存的少数森林和农田环境中不断繁衍。对于富有的猎人来说，野猪是快乐的源泉；而对于贫穷的农民来说，它们颇令人头疼。

波兰政府最近通过了一项法律，要宰杀其境内大约90%的野猪——约二十万头，来阻止可能感染家猪的非洲猪瘟的传播。这一法律引起了公众的愤怒和抗议——主要来自研究野生动物的生物学家和自然保护主义者，他们担心这一行为会带来巨大的不利影响：野猪会吃啮齿类动物和昆虫，并通过翻拱土地和埋下树木种子来帮助森林再生，不过一些猎人协会也反对这项极端措施。

我面前摆着一个盘子，切割细致的猪肋排在一堆薄薄的炸土豆馅饼上保持着平衡。这座不稳固的雕塑周围是一圈加入森林浆果的调味肉汁，盘子边缘点缀着一份苦苣沙拉。肉尝起来像是猪肉，尽管在甜得发腻的果酱味道中很难找到它和普通猪肉的细微差别，但我觉得这种肉土腥气更重。

林区管理员坐在我的对面。他的头发染成了煤黑色，发根处已然露白。修剪整齐的胡子自他嘴角向下倾斜，最末端的一根细胡须延伸至他的下巴边缘。在林业术语中，我们可以称这种风格为“被母树包围的鲜明空地”。

吃饭的时候，我向他们询问这片地区的狩猎历史。林区管理员用波兰语向坐在他旁边的翻译解答，但他说话时，目光直盯着我，好像希望吃掉我而不是他的料理。

翻译卢卡斯涨红了脸，尴尬地笑了笑。他的双唇用力地贴着闪着光泽的牙箍，羞怯地说："我不能翻译。它不……可翻译。也不礼貌。"

我低头看着我的空盘子。我还是很饿。

* * *

乍一看，乡下的模样似乎是一成不变的，但从历史的角度来看，它经历了不断的变迁。环绕着波兰古老堡垒城镇的森林无疑一直是那副模样，不断被砍倒又重生，同时并存的衰败和成长打破了永恒。不仅是树木在改变，我们对森林的看法也发生了改变：最初认为它们是我们构建的神话，随后相信它们是我们创造的结果，最后在不同的林龄中，它们成为我们理解自身的方式。

我们只了解欧洲密林中土著文化一些零散的生活和仪式，且大部分认知都基于传说。波兰的旧普鲁士部落生活在自给自足的小村庄里，他们的足迹并没有深入广阔的林地。他们以居住地周边的森林、溪流和湖泊来命名自己的定居点。野生猎物的数量极多，包括鹿、驼鹿、美洲野牛、森林野牛和野猪，因此他们不需要限制任何形式的狩猎，猎得的肉通常被熏制保存。

除了大量食用野味，这些部落还大力实践轮歇农业，即刀耕火种的烧垦农业；他们砍掉一小片森林，种上大麦、黍类、小麦和玉米，并在布满橡子、嫩枝和山毛榉果实的地上自由地放养家猪。这些家猪腿很长，皮肤呈黄褐色，长着短而硬的刚毛，是罗马小母猪和野猪的杂交后代。它们用鼻子翻拱土地，寻找当中的块茎、昆虫幼虫或是老鼠；此举不仅可以松土，偶尔还会将一些树木种子埋进土壤中，继而帮助恢复森林。除了更讨人喜欢的面孔之外，被驯化的家猪和野猪几乎没有区别。有时，一头家猪甚至可以随意溜达，根据自我意愿和它的野生伙伴交配，进而帮助保持整个猪群的生机。

季节被当作神明崇拜。每年，在第一粒种子被播下后，人们都会举行仪式来祭奠春天、迎接夏天。当部落领袖感觉自己年纪渐长或身体渐虚，统治民众变得力不从心时，他会将带刺灌木和稻草堆成一堆，然后爬上这堆草木，做最后的一次演讲。当长篇大论结束时，他会从圣橡树前一直燃烧着的火堆上引火，点燃草木，随即投身火海。接下来的日子，人们会竖起一块石碑来纪念他的死亡。他们发誓不惧怕死亡，因为他们心里知道万物皆有轮回。

对于主要研究农业的罗马人和希腊人来说，这些人就像他们追捕的野兽一样野蛮。文明和野蛮不仅体现在不同的景观上，也与土地所提供的食物有关。古希腊人认为是葡萄酒、小麦和食用油带领了人民走向了文明；罗马人则认为被耕种，继而产生农业文化的土地，与野生且无法统治的土地是不一样的。

罗马人同样会狩猎，但主要是为了竞技和军事训练，而不是为了生计，他们的捕猎法案是最早被记录下来的法规。这些法规遵循了拉丁文中野生动物和无主之物的理念：野生动物不属于任何人，只要猎人没有擅闯他人的土地，任何人都可以自由捕杀它们。理论上，这给了人们同等的捕猎机会，但该法规其实意味着猎物属于富有的地主。封闭的庄园被辟为狩猎保护区，供政治家狩猎雄鹿、狼、熊，以及狮子、豹子和大象等外来物种。农民只可以诱捕野兔和刺猬。

中世纪早期的基督徒相信，社会阶级反映了自然环境和日常饮食。对他们来说，中欧广袤的森林是道德混乱的象征，生活在未开垦的树林中的异教部落都是些野蛮人。他们为丰收而感谢地球的仪式和典礼，被描述为向恶魔敬拜的可怕景象。据说，如果一个基督徒不幸目睹了这些人的野外狩猎，他就将在当晚睡觉时坠入地狱。他的灵魂将加入精灵的队伍，周身是异教徒女神和林中仙子模糊的咆哮声，与无法被外界看见的死者永恒为伍。在十字军东征期间，那些拒绝臣服于新宗教政权的异教徒被杀害或流放，最可怕的一种惩罚是在天主教众神的神殿前被活活烧死。

然而，对于中世纪早期的欧洲国王来说，森林并非对其不利的地方，而是权力的象征，在他们的日常饮食中起着至关重要的作用。野味——通常被称为“vension”，来源于“venari”（狩猎）一词——是宴会上必不可少的元素，也是国王展示其财富和地位的一种方式。人们通常将肉与水果、玫瑰水以及一些香料，如龙涎香和麝香一起炖煮。在意大利，人们习惯将野生动物整只烤熟，再用金箔包裹，然后整个端上餐桌，在垂涎欲滴的晚宴客人面前隆重地切分。波兰国王端上桌的都是经过大量香料腌制的肉，因为相比于西欧其他国家，这里的亚洲调味品更便宜。

早在11世纪，人们对木材的需求就开始对野生动物生活的林地造成了威胁。这也促使英国国王颁布了一些最早的环境保护法。这些森林法基于罗马人的观念，即狩猎权属于财产所有者，只有贵族可以狩猎。由于在严格意义上，国王拥有全部领土，因此他有权在任何喜欢的地方狩猎；正如一条法律所说，“为了满足国王的乐趣和消遣而受到安全保护的某些森林给予了野兽许多优待”[2]。

随着世纪推移，狩猎活动变得越来越官僚化，几乎每一方面的尝试都被编入法律并受到高度控制。为确保获得风味最佳的肉——比如夏末的雄马鹿肉，那时它们吃着牧草和坚果变得“膘肥体壮”，不过要在它们发情前宰杀，一般是从秋天到来年二月——人们开始养成习惯划分捕猎期和休猎期。在国王的护林官的监督下，监察员的工作包括收取租金；发放狩猎许可证；

冬季和旱季时喂养野生动物，确保它们不会挨饿；为皇家的一些宴会准备野味；对偷猎者进行惩罚。

许多狩猎手册为捕猎活动规范了合适的技巧，并将描述捕猎技艺（venatic arts）的词汇做了正式规定。在一份13世纪的威尔士手稿中，有被称为《维纳多什法典》（*Venedotion Code*）的一节，其中阐述了“野生动物和家养动物的价值”。“一只雄鹿的价值”可以被分割为合乎法规的若干部分，每部分价值六十便士：“他的两条腿以及两只角；他的舌头；他的胸脯；他的心脏；他的直肠；他的肝脏；他的两块腰肉；他的腰腿肉；他的腹部；以及他的脊骨。”[3]

人们也越来越关注狩猎中涉及的伦理准则。一部匿名的法国作品《猎人与鹿》（*La Chace dou cerf*，1275）中提到，如果贵族们不会因杀死任何受致命伤的动物而感到不快，打猎活动便是心旷神怡的，毕竟担心猎物是猎手的义务。事实上，到了13世纪末，贵族食用的大部分野味都是由仆人猎得的，大家族会雇佣猎人来获取这种重要的食物。

由于狩猎保护区受到林地和耕地需求的威胁，在西欧，野味越来越贵。炼铁业和砖瓦业对木材的需要似乎在无限制地增长，建造房屋、制作木桶、家具、手推车、货运马车和马车也都需要木材。砍伐森林和种植粮食也会带来巨大的经济机会。欧洲人口从公元1000年的三千六百万稳步增长到1300年的八千多万，与此同时，西欧最肥沃的土壤都已种上了粮食。

与他们的国王不同，除了在某些仪式上，大多数欧洲农民很少吃任何种类的肉。中世纪早期的文学中，“肉”（meat）一词经常与“食物”（food）一词互换使用。因此，我们目前尚不清楚当时的人实际吃了多少肉，因为餐桌上的“肉”可能意味着任何一种“食物”；但有证据表明，直到14世纪中期，瘟疫夺去了大量生命，更多的良田变成牧场后，养殖家畜所提供的肉量才足够满足普通民众，普通人才吃得到肉。

随着食肉变得更加普及，国王们不再能以他们消耗的肉量来彰显自身权力，因此人们重新关注起野味的美味和与众不同。就连野味被宰杀的方式，也就是人们所说的动物肢解或解剖，都变得高度仪式化和规范化。《圣奥尔本斯之书》（*Boke of St. Albans*，1486）中描述了如何宰杀一只雄鹿，书中指出，必须将动物的骨盆放置在宰杀地旁，作为供奉给渡鸦的祭品，还要把雄鹿的左肩肉交给森林管理员作为报酬。

波兰最早的森林法颁布于14世纪中期，和英国法律一样，这些法律宣布，某些地区的森林是专属狩猎保护区，专供国王及其随从所用，不能砍伐。但其他地区正在经历快速转变。当时被称为皇家普鲁士（Royal Prussia）的地区，很快成为西欧谷物和木材的主要供应地之一，葡萄牙国王菲利普（Philip of Portugal）正是在这里找到了用作桅杆的树。16世纪80年代，葡萄牙用这里的树建造了一支舰队，与荷兰和英国交战。接下来的几个世纪，曾经的森林被砍伐，新的田地取而代之。

到了17世纪初，欧洲广袤的森林面积只剩曾经的20%。沙土再也无法被树根固定，开始向外侵蚀。整个林地物种濒临灭绝或消失。原牛——一种作为现代牛祖先的大型野牛——苦不堪言。1627年，最后一只原牛死于波兰的贾科塔罗森林（Jaktorów Forest）。松鼠随着它们生息所需的树木消失而不见踪影。毛茸茸的松貂逃走了。兔子在留下的空地上繁衍生息。

19世纪，波兰的大片林地被俄罗斯统治者接管。曾经长期争斗不断的土地主们拿起武器，团结一心抵御他们的新统治者。剩下的森林不再是神灵或恶魔的地盘，变成了政治活动和人民起义的地点。被杀害的人和他们马匹的尸体成为狼的食物，狼群因此大量繁殖。沙土被风卷起，弥漫在空气中。人类盲目的贪婪在这片土地上留下了印记。

到了20世纪初，那些曾经似乎无比难以处理的欧洲古老森林，几乎都被帝国和个人砍光。部分残留的绿土幸免于死去的国王对肉的渴望。我们讲述的关于森林的故事可能已经改变，但野生动物的命运和树木的命运仍然交织在一起。

*　*　*

一天傍晚，日落时分，我看到一群野生的森林野牛在农场公路边的一处高地上吃草。我斜靠着干草堆，用双筒望远镜凝视着这些生物，它们的轮廓与位于宽阔田野尽头边缘处的松树交叠，似乎愚蠢而傲慢。只有从他们乌黑的鼻孔里喷出的鼻息，以及从被他们那卷曲的黑色皮毛所包裹着的充满悲伤和探索欲的眼睛里，我们才能找到一丝史前的气息。

我的导游收到他农民朋友发来的短信，告诉他哪里可以找到野牛。但他玩了一个搜索游戏，先带着我们的小组去寻找野牛留下的踪迹。“另一组人没有找到任何痕迹。”他说，好像我们的发现是罕见而神秘的。“这里没有奶牛，野牛就是我们的奶牛。”他笑着说。

这些野牛在波兰的比亚沃维耶扎森林（Białowieża Forest）里漫步，这片森林是过去几乎覆盖了整片大陆的古老低地森林的一小部分。1932年，政府宣布该地区被设立为波兰第一个国家公园，与欧洲其他残余的森林一样接近“原始自然”。欧洲野牛（European bison），英文也叫“wisent”（*Bison Bonasus*），因为这片森林而至今尚存，不过这片森林也因为政府对野牛的长期保护而得以存活。这是一种互相渗透也不断变化的关系。

这片森林诞生于14世纪末，已经存在了六百年，曾经是当权者的私人狩猎场。如果平民在此偷猎动物被抓，他们可能会被判处死刑。尽管比亚沃维耶扎森林受到保护，免受大规模砍伐，但周围的树木却因战争和商业而倒下，数见不鲜。欧洲大陆一经发现野牛，它们就已然成为东欧幸存的种群。即便如此，国王们仍然在狩猎中获得了极大的乐趣。1752年，波兰国王奥古斯都三世（Augustus III）在一次狩猎中杀死了四十二头野牛。他雇佣了数百名助猎者，将动物从树林中驱赶出来，一直赶到他坐着等待的地方。传说中，他的妻子独力杀死了二十头野牛，在等待林中动物出现的时候，她还读了小说。

与其他受保护的林地一样，当地农民依然有权在林中放牧自家猪，薅些干草，偶尔捡些木材，从树上采采蜜。人们从这片森林的野生蜂房中采集蜂蜜，而这种行为至少已经有三千年的历史了。野生蜜蜂生活在离地面约二三十英尺的树洞里，人们会照看这些特定的树木和树上挂着的蜂房。

有时，养蜂人的火把会无意中点燃森林，就像粗心的旅行者一样。农民也会故意用火焚烧草木，促使新的草长出以供动物食用；他们还会在居民点附近的区域先逆向焚烧出一块隔离带，以防止无法控制的野火摧毁村庄。

每经历一场火，森林的树木构成都会发生变化。一些树会浴火重生，比如松树：火焰烧毁了生长在下层林中的硬木[1]幼苗，不然它们就会和常青树争夺阳光。当火灾变得不那么频繁，硬木又重新长出。

① 硬木（hardwood）：即阔叶树材，指由被子植物门的树所生成的木材。——编注

19世纪，波兰再次被列强瓜分，这一次是普鲁士、奥匈帝国和俄罗斯这三个强权。效忠的对象变化得如此频繁，以至于很难预测一场起义是否会得到当地人民的支持。有时，国界会穿过村庄的中间。

俄罗斯人洗劫了波兰图书馆，这些战利品被小心翼翼地带回了圣彼得堡的帝国图书馆，馆中一度藏储了近五十万册书籍和手稿，包括古代国王和王后的情书。比亚沃维耶扎森林成为俄国沙皇的狩猎场，哪怕他只去过那儿一两次，但他依然把野牛置于皇家保护之下，以防万一哪天自己想猎一头。尽管受到了帝国的保护，野牛的数量还是在减少，它们成了战争中饥饿人民口中的牺牲品。

到第一次世界大战时，野生野牛只剩下约八百头，倒是许多士兵靠着吃野牛幸存。1919年，最后一头野生的欧洲野牛在比亚沃维耶扎森林被偷猎者射杀。只有十二只被囚禁在笼子里的野牛还活着，它们作为皇室礼物被送往国外，分散在欧洲的公共动物园和私人动物园中。在两次世界大战期间，野外生物学家在科研机构的场地人工培育了这些孤独的动物，并慢慢重新将它们的后代放回森林。目前，几乎80%的现存野牛都是由同一对野牛繁衍而来。

冬季，国家森林局遵循着悠久传统，人工喂养这些动物，并设立了堆满干草的草料所，防止野牛食用受监管的商用林中的幼树芽，或破坏当地农场的作物。他们还对动物进行疾病监测和治疗。每年，森林局会宰杀大约二十头野牛，以防止物种过剩，它们的瘦肉会被卖到餐馆。冬天，野牛就在城里闲逛。最近，有一头野牛穿过公园一路逛到了博物馆。

波兰国家公园的一些区域受到严格保护，没有导游带领不能参观。我的导游告诉我，比亚沃维耶扎森林诞生于地球上出现最早生命的时期 —— 远古时期。当时的生物种类多到令人难以置信，有超过一千一百种植物和估计两万五千种动物，是欧洲曾经存在的众多物种的最后一个避难所。我们沿着空中栈道穿过森林，经过一片世界上最高的栎树群时，我们停下来凝视着一只腰部有斑点的啄木鸟，他正在啄一棵已经枯死的树。他戴着一顶红羽头饰，如丝般的黑色外衣上还披了一件暗白色、带有像素般小点的斗篷。

我们来到松软潮湿的湿地，看到一只白头鹞俯冲而下。路边景观从垂枝桦、普通赤杨和梣木变成了鹅耳枥、挪威枫和小叶椴。几株树冠细长的云杉，透过枝叶微探出头。地面覆盖着一层北方灰藓。我们经过一片开阔的草地，这儿曾经是一片干草地，现在属于皇室，西伯利亚鸢尾和紫色的洋地黄正盛放。夜晚，狼群从林中小路走过，在十字路口，我们发现了它们领地的一个标记：几道长两英尺的爪痕。

这片森林里盛产真菌（超过四千种），特别是大型真菌（一千八百五十种已知物种），是世界上真菌种类最多的地方之一。许多蘑菇会在黑夜中发出磷光。

如果说找寻肉类是男性的事业，森林也是因为国王渴望控制领土而划出的区域，那么对于乡下的妇女，森林早就是她们采蘑菇的地方。启蒙运动期间，尽管大量海外植物从国外被进口至国内，英国和西欧的人们仍然怀疑食用蘑菇的安全性，可能部分原因是人们对森林迟迟不散的不信任。1620年，萨默塞特郡的一位医生宣称，只有“怪人”才吃蘑菇。尽管如此，至少也曾有一位英国冒险家告诉家人，蘑菇确实“有益健康而且很美味”[4]。

不过，波兰森林里的村妇们不仅知道蘑菇是一种美味的食物，还知道它们是一种重要的药物来源。落叶松上的支架真菌可以治疗出血、伤口溃烂、呕吐和痔疮；木蹄层孔菌属真菌治牙痛；黑木耳可以治疗耳部和眼部感染；马勃有防腐作用，鬼笔可以催情。

树和蘑菇是没有办法划清界限的。它们共生生长，每种真菌都与特定的某种树皮或树根密不可分。这里不存在个体，只有多物种的网络，它们共享资源，制订计划，根据两者联系而非差异确定随机的灵魂伴侣，一旦确定便必须共存。丰年，当树木需要巨大的养料来结出大量的坚果和橡子时，它们就从遍布地上和地下的真菌网中获取养分。其他年份，树木通过将它们获得的太阳能量传递给蘑菇来储能。在这里，领土和定义之间没有边界和清晰的分界线。

许多野生蘑菇中含有高浓度的重金属，如汞。不过，人们对于吃蘑菇的念头近年来才有所增长。陌生的人穿过树林，不分青红皂白地撕碎可食用和不可食用的蘑菇，为满足全球市场肆意采摘。在一些地区，野生蘑菇的商业收入巨大，采摘蘑菇甚至威胁了森林的健康。

比亚沃维耶扎森林是一处镶嵌性景观[①]。成片的花旗松、欧洲赤松和挪威云杉的种植园，俯瞰着周边的硬木、枯死且带有火痕的原木边的小溪、开阔的湿地和干草田。树木的变化不仅反映了地形和供水的变化，更重要的是反映了人们过去和现在在土地上的行为。只有在卫星图像中才能明显看出，人类的存在与这片古老森林体现的特征长期纠缠着。卫星图像中的几何图形显示了人类的影响：那些不自然的直线和正方形让一切昭然若揭。

这片“野生”地区受到严格管理。比亚沃维耶扎森林的大部分区域里，仍然有人在积极采伐。被砍伐的树木的平均树龄是一百年。受到严格保护的区域里不允许伐木，病树也会被移植走，这样就不至于感染周边植物。林中地表留下的枯木数量经

① 镶嵌性景观（mosaic landscape）：一个异质区域，由不同群落或不同生态系统的集群组成。—— 编注

过了仔细的统计和人工干预，因为众多种类不同的真菌都依靠这些枯木生存。在一些地区，科学家们已经决定完全还大自然独立，看看它将如何自行克服小蠹枯萎病和火灾。“我们是从长远的角度考量。”导游告诉我。

与此同时，即使是自然的循环也不再那么纯粹。入侵性的植物悄悄潜入保护区，因为人类试图保持森林原始的愿望而一路无阻。由于气候变化，春季里的野花花季提前。鹿不再像以前那样集中在山谷里，而是聚集在存储食盐、土豆等越冬物资的木屋周围，猎人就会在这时杀死它们。

过去，当外交官和有钱人到访波兰时，他们有时会带上一株异域树木标本作为礼物和友谊的象征。大部分被带来的树是美国的物种，如北美红栎，今天的森林中就散布着这些外来的珍奇异种，如网格般的苍翠森林中洒下彩色斑点，诉说着过去的回忆，未来的预兆。

日落时分，我看着野牛，想起了这些交换树木作为礼物的国王，想起了那些捕到猎物后，用野牛的鲜血涂抹彼此的国王。现在，在原始森林的最后一处遗迹中，游客们也在寻找野牛、老栎，试图以照片的形式表达对它们的爱慕，尽管这些野兽已被驯化得和奶牛一样。当地的农民和牧民很少有时间去森林里采摘些什么了，他们已经成为迎合游客涌入的企业家，会像精明的自然导游一样带领游客四处观光，还忙着从掩埋着物种尸体的土壤中寻找蘑菇。我们多么轻易就忘记了这片土地上曾经洒落了多少热血。这些曾经的狩猎之地保存着一种记忆，是一本记录过去辉煌的脆弱易毁的档案；而现在，林中只留下了当时热血的回声，隐藏在树木的年轮中，等待被聆听。

*　*　*

我和我的翻译卢卡斯站在牧场边缘的一座木制瞭望塔上，凝视着一只消失在树林中的马鹿，他说道："波兰的森林里蕴藏着许多秘密。"

也许这些波兰的森林是我难以驾驭的本能，以及我有着采集渴望的关键所在。我觉得，*我什么都想看，到处都想去*。也许那种狂野的躁动是我的本能。*但同时，我又想留在一个地方，建立一种生活*。我凝视着远方，希望能再看一眼这只野生动物，可它优雅的身躯消失在了高高的草丛中。

那片生我养我的绿洲今已不再，它充满魔力。而我带着怀念离开了家，也许从那以后我一直在寻找它。为了单纯的好奇心。为了真实且鲜活的存在。

曾祖母埃丝特的家被战争摧毁，我见过的唯一一张她的照片，是在我母亲家的一个木雕相框里。那是她结婚时的照片：她戴着简单的头纱，头上是一顶精美的王冠，头发被分成左右两股，编成了复杂精巧的辫子，白纱就覆在她浓密的头发上。

她的眉毛浓密而靠近，瞳孔漆黑，眼皮耷拉。她薄薄的嘴唇垂下，微微皱眉。我不知道她是否真的爱着刚刚与她结婚的那个男人。她顺从的表情似乎体现了希伯来谚语："如果有怀疑，那就别怀疑（if there's a doubt, there's no doubt）。"

我想象着埃丝特童年的样子。

春天是喝荨麻汤和椴树花茶的季节。

5月，当罂粟花盛开的时候，村民们将罂粟籽碾碎榨油或是与粥一起熬煮。他们用沾满花粉的双手，将从树洞里发现的野生蜜蜂产的黑蜂蜜，与罂粟花瓣一起炖煮，熬成浓稠的糖浆给因咳嗽和感冒而无法入睡的儿童饮用。

夏末，收割之际，最后一次给小麦脱粒后，她们会用丝带束起剩下的最后一捆麦秆，饰以鲜花，然后用最后一辆收割车将这些麦秆运过村庄。

凛冬前的秋天，人们忙于采摘浆果和收集枯木，因为冬天甚至冷到可以冻住水银。

当然，蘑菇生长于一年四季，但初秋时节尤盛，几乎每一个树桩和树根底部都有大量的蘑菇子实体[①]，每种蘑菇的名字都像是首诗：菱红菇（漂亮的白色茎，沿着森地生长）、赭色脆褶、细绒牛肝菌、水粉杯伞和油口蘑（顶部呈紫色，从腐烂的原木

① 子实体（fruiting body）：高等真菌的产孢构造，即果实体，由已组织化了的菌丝体组成。——编注

中发芽）；簇生黄韧伞、橙黄疣柄牛肝菌和野蘑菇（大而无柄，有光泽且呈红色）；美味牛肝菌、褐绒盖牛肝菌、褐疣柄牛肝菌和长柄马勃（从竖直生长的巨型植物的侧面长出）；绒毛乳菇、黏液丝膜菌和高大环柄菇。每一种蘑菇都有属于自己的神秘气味，就像某种动物的麝香。为了繁殖，这些蘑菇将它们看不见的孢子释放到空气中，带着霉味炸裂开，随风飞翔，轻盈飘浮，仿佛对繁荣未来的无声祝愿。

村民们把新鲜的蘑菇吃掉，然后晒干、腌制、储存更多的蘑菇，在不确定的未来中，将它们视若珍宝。

总之，这些森林仪式和传统与一种始终封闭的文化联系在了一起，给人民提供了一种绘制森林地图的方法，以便军队行军和撤退，那里的边界线永远是模糊的。军队和边界可能已经迁移，但人民和他们的忠诚仍然存在。他们*来自*这里。

埃丝特是否也曾站在牧场边上，凝视着一只消失在树林中的马鹿，看它优雅的身躯消失在高高的草丛中？她是否也想过逃到其他地方？也许当她准备去拾柴时，她把灰褐的云杉尖部藏在了口袋里，或者对着自己本该摘回去的不可随意处置的蓝莓，吃到停不下来。我想象着她用染成紫色的指尖摘下了美味牛肝菌的白色菌柄，每一个动作都是小小的反抗。也许她的生活就像俄罗斯 / 波兰的谚语：“*Ciszej jedziesz, dalej będziesz.*”——“稳扎稳打，无往不胜。”

注释：

1.“这只猪没有心脏”：Felipe Fernández-Armesto, *Near a Thousand Tables: A History of Food* (New York: Simon and Schuster, 2002), 123.

2.“给予了野兽许多优待”：John Manwood, *A Treatise and Discourse of the Lawes of the Forrest* (1598).

3.“他的两条腿……”：Aneurin Owen, ed., *Ancient Laws and Institutes of Wales: Comprising Laws Supposed to be Enacted by Howel the Good*, vol. 1 (London: G.E. Eyre and A. Spottiswoode, 1841), 287.

4.“有益健康而且很美味”：Joan Thirsk, *Food in Early Modern England: Phases, Fads, Fashions 1500 - 1760* (London: Continuum Books, 2007) 292.

鱼、鳍、壳和爪

吞噬一切的大海——漂流木生蚝——旅游的欲望——受疯狂折磨——痛苦的主题——品味升华

我的朋友玛丽邀请我去她位于缅因州的家里，吃一顿传统的龙虾烧烤。这算是一年一次的亲朋好友间的聚会，聚会后的第二天就是一年一度的钓龙虾比赛。我之前去过缅因州，也在很多餐馆都吃过龙虾，但从未和那些靠海而生的人一起吃过龙虾。作为一个来自沙漠地区的孩子，我一直对海洋有着深深的迷恋。这种迷恋好像大得惊人，充盈却又隐秘。因此，这个邀请对我的吸引力非凡。

玛丽和我乘船去中潮岛。沿着海岸，陆地像烹饪用的扦子一样伸入海水泡沫中。地球的连贯性在这里处处被打破，很久以前形成的岛屿孤独依旧。缅因州的海岸线上共有三千个这样的岛屿。一些岛上有人居住，一些岛屿只是沉没着的岩石，退潮时才会露出水面。无论以何种方式通航于这些岛屿间，都很危险。

栖息于岛上意味着你总会想到大海。中潮岛上，潮水能在短短六小时内下降十五英尺。岛屿的面积产权由潮汐线决定，海平面上升即意味着这个岛屿的面积将合法缩小，直到小岛完全被水淹没。

岸边，几株高大的松树下坐落着一栋小木屋与船库。林中垃圾、风暴后的残骸以及海鸥的排泄物中都有贝壳的身影。薄薄的土壤覆盖着古老而苍白的岩石。几十年的盐雾使冷杉枝干弯曲变形，长满树瘤。它们的根将宝贵的土地从可以吞噬一切的海洋口中夺了出来。

17世纪初，欧洲人在此殖民的最初几年，这片地区是美国东北部最具争议的土地。欧洲对木材的需求稳步增长，尤其渴望用于制作船只桅杆的大型古树，其长度要求为至少一百二十英尺，直径也至少需要四十英寸。这种规模的树木几乎从欧洲的森林中消失了。新英格兰地区高耸的白松保障了解决这一问题。缅因州的岛屿成为向内陆探索的贸易站，沿岸丰富的海鲜为向内扩张提供了必要的食物。

随着商业殖民主义像蜘蛛丝一样在大洋上蔓延，殖民者通过欧洲中转站到达另一处殖民地的新闻并不罕见，整个船程耗时六周到三个月。这些通信往来的时间间隔意味着，当收件人意识到某一问题时，写信人已经开始记录早被解决的紧迫问题了。正是通过这些信件，一幅新世界的图景被记录、想象、虚构和相信。

说回欧洲，那些留下来的人坐在温柔的火炉旁，阅读着详细介绍另一个世界中大量奇珍异兽的报道：海鲜多得令人难以置信；牡蛎长一英尺，蛤蜊和面包一样大；鳕鱼重达一百磅；数以百万计的无孔贻贝和蚌蛎——退潮时实在捡了太多，干脆用它们来喂猪；龙虾有五六英尺长，个头又大，肉又多，只要十只就够四十个小伙子吃。由于这些报道一部分是为了鼓励欧洲人进一步殖民，而且许多报道都写于春季和夏季，因此称美洲四季富足可能有些夸张。一个季节的丰饶并不能预测下一个季节是否贫瘠。

对于在欧洲殖民前便生活在这里的人，历史只能让我们窥见其生活的一隅。从加拿大西部沿海地区，到佛蒙特州和新罕布什尔州，这些地方被不同的部族占据，但所有部族的语言都属阿尔冈昆语系[①]。这些部落包括帕萨玛奎迪族（Passamaquoddy）、佩诺布斯科特族（Penobscot）、马里希特族（Maliseet/ Wəlastəkwiyik）、密克马克族（Mi’kmaq）和阿本拿基

① 阿尔冈昆语系（Algonquian family）：美洲原住民语言的一支。——编注

族（Abenaki），这些民族自18世纪上半叶以来形成了一种松散的联盟，被称为瓦巴纳基联盟（Wabanaki Confederacy）或“日出联盟”（People of the Dawn）。

1524年，第一份由欧洲人撰写的对缅因州原住民的介绍出自意大利人乔瓦尼·达·韦拉扎诺（Giovanni da Verrazano）之手，但我们大部分关于原住民的文字描述都来源于17世纪的法国殖民者和耶稣会的牧师们。有史料可循的历史中，瓦巴纳基人已经受到了欧洲殖民和毛皮贸易的影响：沿海居民不再使用以前的一些捕鱼区，而新来者带来的疾病也导致了一系列流行病，三分之二至四分之三的瓦巴纳基人因此死亡。

因此，有关瓦巴纳基饮食传统的记叙本身就是不完整的，它描述的是一个外来者根据自己的偏见了解到的世界。他们翻译出来的知识是以前一代代人通过口述而流传下来的历史。把它写下来，活的智慧就变成了死的文字。

这些部落根据食物丰产的时节，整年都在沿海地区和内陆森林间来回搬迁。光明与黑暗，潮涨与潮落，上弦月与下弦月，长日与短日，夏季与冬季。河道是他们的道路，也通常被用来划分领土边界。当河流发生变化，领土边界也会随之发生变化。

瓦巴纳基人以每月最盛产的食物来命名他们的农历月份。春天，随着属于胡瓜鱼的月份到来，无数的灰西鲱成群结队地来到这里，数量多到人似乎可以踩着它们银色的背部走过河。

他们在沿海村庄度过漫长的夏天。瓦巴纳基人将两个柔韧易弯的硬木尖头绑在一根杆上抓龙虾，然后在滚烫的岩石上铺上海藻，用高温蒸熟龙虾——据说这是新英格兰地区传统龙虾烧烤的灵感来源——或是在秋末冬初时，用小火烤着吃。男人们乘着桦皮舟入海，借着炬火的光亮叉起鲟鱼；而女人们则在浅水区徒手采集海胆、扇贝、贻贝、蛤蜊、牡蛎、海螺、玉黍螺、螃蟹和鱿鱼。

属于小眼须雅罗鱼的夏末月份，鲱鱼、毛鳞鱼、鲥鱼、鲭鱼、欧鲽、白长鳍鳕和红长鳍鳕、沙丁鱼、杜父鱼、银花鲈鱼、革平鲉、鳐鱼、鳀鱼、比目鱼和美洲红点鲑都来到了这里。随后，大批鲑鱼向上游迁徙，到林中产卵。完成这项任务后，许多鲑鱼死在了森林里。它们携带着海洋养分的尸体滋养了这片森林。森林和海洋并不是独立的存在，大量树木需依靠海洋生态系统生长。风乍起，林中弥漫着海水的咸味。

随着属于鳗鱼的季节到来，第一股寒潮来临，大量鳗鱼冲向下游，准备回到大海繁衍后代。在这个月份，当溪流边缘结冰时，就是时候去内陆狩猎了，直到下弦月当空，可供狩猎的动物数量减少。这片海岸有很多剑旗鱼、海象、海豹、鲸鱼和鼠海豚，它们与成群的大西洋小鳕共享这片冰冷的水域，从河面上的冰窟窿里捞捡无孔贻贝。

人们无从得知减产的月份。男人们用龙虾爪烟斗吸烟。当他们搬迁至新营地，是由母亲们携带火种。她们把滚烫的煤块放在木屑中，最外层包着苔藓，然后把火种放进蛤壳，揣进腰间的皮包。

根据国际法，最早来自英法的定居者必须和瓦巴纳基人签订契约或条约来获得土地，尽管这些契约或条约通常是在武力和欺骗下签署的。这两个团体之间也存在很大的误解。对瓦巴纳基人来说，出让所有权意味着分摊土地使用权，但不限制他们在那片土地上继续狩猎、捕鱼和采摘的权利。但对欧洲人来说，财产所有权即意味着自己专属的所有权。

随着殖民主义加深，越来越多殖民者定居在海岸边，他们禁止瓦巴纳基人进入他们曾经的渔场和采摘区域；为了给面粉厂和锯木厂供电而修建在河流上的水坝，也阻碍了春季和秋季鱼类的产卵洄游。瓦巴纳基人对海鲜的依赖越来越少。部落居民开始像欧洲人那样将鱼腌制保存，也会花数个小时捕杀河狸然后贩卖其毛皮。

殖民主义从很早起就给殖民地带来了不利影响。在随后的几个世纪里，原住民在保留地过着贫困的生活，受到“本族文化低劣”的熏陶，许多传统因此被遗忘。在国家资助的强制同化行动中，儿童从自己的家中被带走。1862年，政府强制要求瓦巴纳基联盟解散。1993年，联盟再次复兴；2015年，瓦巴纳基联盟通过了《祖母宣言》(*the Grandmothers*)，简述了未来保护野生食物及其来源地和水域的措施。缅因州各地的部落继续为他们在河流和海岸边捕鱼的主权而战。可怕的记忆阴魂不散，可他们团结起来。

*　*　*

中潮岛的码头位于公海对岸的一处浅湾。要想抵达码头，需要驾船从布满暗礁的狭窄溢洪道中缓缓穿过。当潮水上涨涌入海洋时，船只几乎不可能进入海湾。玛丽的表姐是一位身材丰腴的女士，戴着一顶卡车司机的帽子，名叫珀耳塞福涅（Persephone）；她晚到了会儿，刚好勉强从海面布满泡沫的漏斗状甬道里通过。她驾着汽艇快速前进，潮水向后拍案。她尝试了几次，最终趁着一艘大船驶过海面的尾流，加速越过翻涌的波浪进入浅水湾，然后绕到了码头。

珀耳塞福涅从船上卸下成箱的啤酒、热狗、木材、一堆堆露营用具和一袋袋零食。走出船时，她提着一只白色塑料桶，里面装满了从达马里斯科塔河（Damariscotta River）河口捡到的牡蛎。数千年来，河岸边的大量贝壳堆积形成“贝丘”。缅因州就有一个这样的“贝丘”，估计含有七百万蒲式耳[①]的贝壳。（最早表明过去人们大量食用龙虾的证据已经不见了，因为龙虾壳

① 蒲式耳（bushel）：计量单位，1蒲式耳约等于35.238升。—— 编注

的降解速度太快，无法保存在考古记录中。）随着这些壳废料的分解，土壤含碱度增高且富含钙质，由此产生的人工环境通常具有比周围景观更高的本地植物多样性。

牡蛎是世代皆受欢迎的美味佳肴，也是采集者们有意人为管理的最古老的生物之一：美洲原住民通常用手或用小工具从浅水中捕捞牡蛎，然后把它们放进深水中，以恢复大型的珊瑚礁；部落居民也只会季节性地食用牡蛎，这使得牡蛎在一年中有很长一段时间恢复其种群数量。

如今，我们吃的大多数牡蛎都是人工养殖的，但野生牡蛎仍然存在，通常是从我们培育牡蛎的笼子里逃出来的牡蛎的后代。其实两者差异甚小，因为它们都生活在同一片水域中，但可以从它们的形状、质地、颜色和壳内附属物中发现差别。野生牡蛎模样更不规整。

我和珀耳塞福涅还有她的水桶一起坐在沙滩上。第二天，在一年一度的钓龙虾大赛上，她的船后拖了一个内置座椅的充气浮岛，权作宴会厅。她穿着霓虹色的比基尼，在阳光下喝着加了冰块的葡萄酒，但今晚，她教我开牡蛎这门艺术。

她戴着手套的手紧紧地握着一只牡蛎，小心翼翼地将一把蓝色手柄的小刀刀尖伸进两瓣壳接缝的轻微凹陷处。

“你要把刀尖戳进 …… 这里 …… 利用杠杆 …… 就像用打火机打啤酒 …… 都是利用杠杆。”

随着一声轻微的碎裂声，牡蛎一分为二。她把刀递给我。

这项工作很难，但令人产生满足感。尽管不止一次把牡蛎壳弄成小碎块，我还是撬开了大部分牡蛎。我们撬了一段时间，把打开的牡蛎放在一块饱经日晒雨淋的浮木盘上。珀耳塞福涅的牡蛎看起来令人胃口大开。我的不行，它们看起来就一团糟。我没办法很好地完成必要的动作：将刀插入灰白的、闪闪发光的黏液团下缓缓移动，切开肌肉发达的足丝，然后快速翻转，露出乳白色的腹部，同时将边缘的紫色褶边整齐地塞到腹部下面。不太整洁的牡蛎肉表面还有点点贝壳碎片。

严格来说，这整段时间里，牡蛎还活着。

其实当我把它倒进嘴里吞下去时，它也是活着的，就像我们每次吃生蚝一样。我以前在餐馆里吃过很多次，但从未像现在这样，感受着从南方吹来的金色夏日的微风，听着从海湾对面的船上传来的无线电的声音，回荡在花岗岩岩石间。

* * *

对大多数人来说，海鲜仍然是他们饮食中唯一的野生食物。这种情况或许并不会存续，因为近半数海产品已经可以养殖，而这种行为通常会对剩余的野生种群产生负面影响。目前尚不清楚到底是食用野生鱼还是养殖鱼对环境更加有益。这个问题很复杂，“野生捕捞”可能意味着这些鱼是被工业拖网捕捞上来的，该行为使得海洋生态系统被彻底改变。据估计，世界上超过三分之一的渔业捕捞量超过了可持续捕捞的水平[1]。还有一个问题是“海鲜欺诈”，人们会把濒危物种标记为其他物种，或是将农场养殖的鱼标为“野生捕捞”进行销售，来赚取食用野生动物的溢价。

美国近90%的海鲜都需要进口。我们并不了解这些鱼来自哪里，或捕捞这些鱼时会对当地渔业和生态系统造成什么影响。尽管估计的数值不尽相同，但在全球每年捕获的海产品中，可能有五分之一以上是“海盗捕捞”①、非法行为或者由契约奴工捕捞的。

龙虾是美国仍然主要捕捞的少数物种之一。人们普遍存在一个误解，即认为过去的人看不上龙虾，只有奴仆和囚犯吃它们，据传，连囚犯们都要求每周吃龙虾的次数不得超过两次，有时甚至会有暴动反对。还有其他故事声称龙虾被用作肥料，或是如果有人吃掉它们，就要把虾壳埋在后院——这事儿算铤而走险，不能被人发现。这在美国的某些殖民地或许是真的——在普利茅斯（Plymouth），据说龙虾会被冲上海滩，堆到两英尺高——但总的来说，人们并不讨厌龙虾。事实上，欧洲的许多高级宴会都会端上来自大西洋东部和地中海沿岸的龙虾，

① 海盗捕捞（pirate fishing）：指非法、无报告和无管制的捕捞行为。

欧洲殖民者应该对这种生物很熟悉。不过，美国龙虾的体型要大得多，而龙虾的丰富产量意味着它们曾被广泛食用。

跟新英格兰的龙虾一样，加勒比殖民地的绿海龟数量丰富，因此成了一种常见的食物。仅仅几个世纪前，这些生物的数量多到令人难以想象。当哥伦布首次抵达加勒比殖民地，海洋中的海龟多到看起来就像小石块，船似乎都要搁浅了，而密密麻麻铺满海滩的更多。海龟如此之多，如果阴天里船只失去方向，水手们甚至可以通过驾船跟着这些爬行动物游泳时发出的声音来航行。如果哥伦布用数值计算，他会发现超过九千一百万头海龟。

对于16世纪开始在加勒比海出没的海盗来说，绿海龟的繁殖地在一定程度上决定了他们下一次抢掠的地点。绿海龟尤其受人追捧，它们被称为"海洋可提供的最好的食物……味道再鲜美不过了，营养也更加丰富"[2]，而且海龟肉中大量的脂肪可以炼成油，继而用来煎鱼。一位多米尼加的僧侣——拉巴特神父（Father Labat）像海盗一样食用海龟肉：他先将肉剁碎，再用腹甲装着海龟肉，然后放进装满煤炭的土沟里烘烤；他后来写道，他"从未吃过比这更开胃或味道更好的东西"[3]。一位英国私掠船船长兼奴隶贩子约翰·霍金斯（John Hawkins）曾言，海龟肉的味道"很像小牛肉"[4]。也有传言说，海龟肉可以预防坏血病，是极易传染疾病的加勒比气候中的滋补佳品。

绿海龟很大，背上可以坐五个人，一两只海龟就可以养活一百个人。因为绿海龟用肺呼吸，并且可以依靠自身体内惊人的脂肪存量生存，所以它们可以在船上作为鲜肉存活长达一年。它们被倒置过来，以免因自身重量而窒息，人们必须定期用海水将它们打湿来保持它们的凉爽。

如果没有海龟肉，或许种植园经济就不会发展起来。绿海龟沿着与奴隶贸易相似的路线迁徙，跟随着相同的洋流和海风，从西非到加勒比。法国人是最早参与跨大西洋奴隶贩卖的人之一，中央航路[①]航行期间，他们给被奴役的人喂食海龟肉。对英国人来说，正是开曼群岛（Cayman Island）的绿海龟聚集区及其提供的大量蛋白质，才使他们将牙买加当作最重要的殖民地。1657年，一位船长曾报告说，在航行前，他囤积了二十五吨腌制的海龟肉。

海龟肉对加勒比地区的经济和殖民主义的成功有重要影响，早在1620年，百慕大议会（the Bermuda Assembly）就通过了已知最早的濒危物种保护法。这项法律——“一项严禁捕杀我们的小乌龟的法案”——禁止捕杀任何直径小于十八英寸的乌龟。其目的是“阻止人们猎杀所有不同种类的乌龟，无论是年幼的还是年老的、体型小的还是体型大的；人们抓住海龟后

① 中央航路（Middle Passage）：向新大陆贩卖非洲奴隶的时代的中段旅程，即横渡大西洋。

就将它们带走，然后将它们当作没那么好的鱼大快朵颐……”[5]

另一次对海龟进行管理的尝试发生在英法商讨《白厅条约》（*Treaty of Whitehall*，1686）期间，该条约中有一章规定要对开曼群岛的绿海龟捕捞进行监管。然而，到1688年，仍有四十艘雪松木单桅帆船在那儿抓捕海龟。每天都有一百二十至一百五十名男子用大网捕捞海龟。随后的五年，每年有将近一万三千只海龟从开曼群岛被带到牙买加。

尽管人们试图限制捕捞量，百慕大海龟群还是最早消失的海龟群之一；一百年内，开曼群岛的渔业遭到了彻底的破坏。殖民地的舰队随即转移到其他岛屿。

我们尚不清楚第一只绿海龟是何时抵达英国的，也不知道是谁决定把它烧成汤的。每天都会有携带非凡事物的船只席卷欧洲的码头和海关。起初，从殖民地带回的新食物被人们质疑，这种怀疑态度植根于人们对食物、身份和环境间关系的长期信念。15世纪和16世纪，殖民主义被首次提出，人们在各种信件、书册中争论这种政策的优缺点。书册中充满了担忧：如果欧洲人生活在更温暖的气候中，会发生什么？新世界里那么多未知的野生动物和乱七八糟的植物，会不会给他们造成不利影响？任何生活在这种未经驯化的环境中的人，肯定也会变得不文明的。食物又会如何影响他们的性格？

特别令人担忧的是，英国人离家越远，沿途经历不同的气候，吃着不熟悉的食物，他们就越有可能表现出“克里奥尔退化①”[6]和精力旺盛的行为。人们认为来自温暖气候区的食物可以活血，在北方人的体内产生“动物精神”。厨师们的任务是淡化这些食材的性征和强烈的自然特性。通过烹饪，野生食物可以被剔除掉“野蛮之心”，为食客提供“更丰富、更纯净、更自由的精神”[7]。人们渴求这些食物的精神，同样也需要驯化这些食物的精神。

烹饪海龟汤的起源尚不清楚，但有许多关于它的传说。在一个故事中，一位布里斯托（Bristol）——英国最古老的运输奴隶的港口之一——的船主收到了船长赠送的一桶青柠和一只绿海龟。那天晚上，他碰巧正在宴请小镇居民，他知道呈上一道新颖的菜肴会让客人对他印象深刻，于是他命人把那只海龟炖了。客人们非常高兴，于是九次选举他连任。其他说法称，这道菜的创始人是一位糖果店老板。这位糖果店主大部分时间都待在码头上，忙着购买来自加勒比地区成桶的糖浆和成袋的原糖。也许某次逛市场的时候，他决定带一只绿海龟回家。

我们的确了解到，1732年，英国第一本园艺期刊的创始人、植物学家理查德·布拉德利（Richard Bradley）撰写了第一份绿

① 克里奥尔退化（creolean degeneracy）：克里奥尔人原指16—18世纪时出生于美洲而双亲是西班牙人或者葡萄牙人的白种人，此处作者或指欧洲殖民者在旅行的过程中逐渐沾染殖民地风俗的蔑称。——编注

海龟的烹饪说明。在加勒比海捕捉绿海龟时，他得到了烤海龟和海龟馅饼的食谱，是“从一位巴巴多斯①的女士”那里拿到的，他在书中称海龟肉尝起来“介于小牛肉和龙虾肉之间”[8]。

随着绿海龟的数量在加勒比地区日渐稀少，英国上层阶级开始被这种来自异域且昂贵的新食物吸引。到了18世纪中叶，绿海龟已经变得非常受欢迎，许多船上都安装了专门盛装海水的桶，如此一来就可以将它们从西印度群岛带回欧洲。（曾有一家报纸报道，泰晤士河上漂浮着一只重达二百磅的海龟，显然是在运输过程中从船上掉下来的。）伦敦酒馆在它的大餐厅里供应绿海龟，据说还把活海龟养在地窖里的大缸里，在那里，“如果把它们养在与带来时相同的海水中，它们就能状态极佳地”[9]活三个月。1755年，《伦敦杂志》（*The London Magazine*）刊登了一篇充满讽刺意味的故事，讲述了一个爱吃乌龟的狂人，他拥有一个巨大的烤箱，十七种烹饪器具，还有一条吃饭时穿的、可被撑开的特殊裤子。这只绿海龟被煮了，佐以“西印度群岛人的慷慨和仁慈热情”；一顿饭毕，作者预测，人们很快就会交易“海龟股票，就像任何其他种类的股票一样”[10]。

汉娜·格拉斯（Hannah Glasse）在她最畅销的烹饪书《简单烹饪的艺术》（*The Art of Cooky Made Plain and Easy*，1755）第五

① 巴巴多斯（Barbados）：指位于东加勒比海小安的列斯群岛最东端的巴巴多斯共和国。

版中，事无巨细地描述了烹饪绿海龟的“西印度式方式”。但如果用格拉斯所描述的方式宰杀一只活海龟，那一定是一种可怕且相当尴尬的行为。宰杀始于肢解海龟的前一晚，要从水里拿出这只动物，背朝下倒置。第二天早上，割下它的头，放干血。取下腹甲，在烘烤前切开腹部，将肉和内脏从背甲上剔下，留下绿色的脂肪进行烘烤。它的四肢、头和骨头将被一起煮成肉汤，要想煲汤，需先将海龟的胃部剖开刮干净，切成两英寸长的若干小块，与大块肉、半磅黄油、香料（红辣椒、白胡椒和丁香）、马德拉白葡萄酒和肉汤一起炖煮。烹饪四五个小时后，将炖肉放在背甲里，放进烤箱中烘烤。海龟汤被盛进带盖汤碗或瓷碗，几乎看不出那令人反感的原材料了。

海龟汤很快成了任何城镇宴席的必备品，而人们阅读出现了这道汤的菜单时，就像阅读经济史或家产清单一样仔细。人们不再是为了生存而吃绿海龟，而是为了其他东西。它之所以受欢迎，并不仅仅因为它稀有和昂贵，还因为它的肉中蕴含的野性。当时，哲学家们正在讨论崇高的概念。那是一种置身于大自然的体验，在那里，人们会同时感受到激情、着迷、恐惧、敬畏和崇敬。在试图理解这些支离破碎和矛盾的感觉时，心灵将超越自己的理解极限，自我会被神秘地吸进体验过程中。顺应崇高就意味着一种令人愉快的毁灭。这是一种双重形而上学的概念，试图让我们在尊重自然的同时统治它。

海龟汤，就像崎岖而富有戏剧性的自然景观，让人体验到了日常生活中完全没有的感觉。这是一种旅行的欲望。每喝一口，食客是否都能想象到远处的阳光、海盗和棕榈树？皇家科学家或高级市政官是否希望通过食用这只长寿的绿海龟——据说它的寿命超过一百五十年——来获得长寿？这种味道让他感受到了海浪蛰伏的激情，却不会受到颠沛流离的不良影响。

当海龟成为上层阶级的主食时，人们不再担心野生的殖民环境对白人身体的影响，就像几个世纪前一样。现在，人们开始关注的是过度的文明和殖民主义所带来的日益严重的破坏性影响。关心政治的讽刺文学，越来越多地将奴隶制的暴行、商人阶级的昧心钱和他们对海龟的致命着迷联系起来。杂志和报纸上的许多政治漫画声称，人们对海龟的喜爱等同于贪婪和缺乏自制力：一个戴着细长议长假发的人，从一个贴着“皇家海龟汤”标签的碗里吃东西，而外面，一群饥饿的暴徒，抗议着保护主义关税导致的主要作物价格过高；或是一位厨师用一柄长勺喂肥胖异常的市长大人喝海龟汤；又或是一位痛风患者坐在加勒比地图前。暴食的身体症状似乎是不端品质的外显。吃海龟肉的人仿佛要为被自己的变态行为、被自己压抑的疯狂而产生的品位自惭形秽一样。

随着全球范围内越来越多的各种海龟被捕捞，海龟汤变得越来越平民化。19世纪，海龟不再象征财富，被普遍食用。如今，你仍然可以在一些偏远村镇发现成罐的海龟汤——这是另一个时代的文物。如今，加勒比地区的绿海龟数量仅剩三十万只，是一个消逝社会的部分残余。

海洋经历了几个世纪的掠夺。这是一片垂死的荒野，不断咳出塑料制品。但是，由于对海洋的破坏大多发生在我们的视线外，发生在遥远的地方或是清晨，除了为获利忙碌的渔民之外，没有人醒着，所以我们对海洋破坏的反应与砍伐森林的不同。我们认为这片海洋枯竭是正常的。我们成为领海基线变化的牺牲品，忘记了曾经大量存在的东西——那些东西在如今来看似乎难以理解，好像它是虚构的一般。我们并不了解自己的贫乏。

*　*　*

纵观时间，我们从海洋中收获的能力在稳步提高。不过日常经验表明，同时具有偶然性和必然性。

新英格兰的捕虾人很久以前就熟知海洋不可信赖，他们冬天隐匿身姿。此时的龙虾也游去了更南或距海岸更远的深水区。捕虾人依托风速和自己的手速工作，懂得海鸟鸣叫的含义以及鱼逃跑所需的时间。

动力更强大、可以驶入更远海域的船被制造出来，由此，捕虾季延长到了冬季。另一项发现是通过船上柴油发动机的冷却液管，可以向水箱中注入五十加仑的海水。于是，捕虾人把绳编的虾网陷阱扔进发动机后的热水里来清洗它们，工作效率大大提高。玛丽童年的大部分时光都是在她父亲的龙虾船上度过的。最冷的那些日子，当雨夹雪肆虐，他们把成罐的汤扔进热水桶里加热。

在海味生活的水域旁，吃当天早上刚捕获的野生海鲜是什么样的感觉？要去检查捕捞到我晚餐的人的手吗？

布满鹅卵石的海滩上，一具泡白的畜骸躺在淡紫色的海石楠和遭遇海难的残枝断木之间。掘穴环爪蚓在因涨潮形成的小水池里狂欢。

三个人正搭建厨房。他们在两块大石头的凹陷处放了一个巨大的钢鼓盘，然后在没有岩石依靠的一侧堆了一堆石块，使得钢鼓盘保持稳定。一个人将从内陆带来的柴火推到钢鼓盘下方；其他人从海滩的潮汐线上拖来一桶桶锈绿色的海藻，几只小螃蟹藏在缠结的海藻中。桶里的东西被倒进盘子里，盘子上铺着几个湿纸袋和一层食物——黑色的活龙虾、一半洋葱一半土豆的锡箔纸包、连着外皮的玉米棒——最上面是更多的湿海藻。有人点了火。龙虾在地狱般的海藻中变成了橙色。

时值旱季，远处却传来雷雨声。

我们吃饭时，即兴钢琴演奏声从浅水湾的某处飘来。我想起了关于大龙虾的故事，它们长五英尺，重四十磅，蓝色，有斑点，快一百岁。背上粗糙的硬壳像树皮，标志着它们几十年的成长。

我们用手吃饭，吃得像疯了。这是我有史以来吃过最美味的龙虾。

宴席中，海鸥们鼓起勇气，慢慢向我们靠近。像加冕宴会上的乞丐，它们似乎也认为自己是不请自来的客人。把龙虾壳扔到海滩上是违法的，这些鸟甚至连我们的残羹剩饭都吃不上。

“我觉得我刚刚狼吞虎咽的时候都忘了呼吸。”我一边说，一边盯着餐盘狼藉。

我们的纸盘子里塞满了捡来的甲壳类动物，它们以奇怪的角度堆积起来，就像被洗劫后的国王的坟墓一样。我的手很黏。

天色渐暗，我们在海滩上点燃篝火。有人像在狂欢节上一样投掷颜色鲜艳的发光滚球。附近的一个音箱在播放流行音乐，不过声音被调低了。

我周围充斥着断断续续的谈话。

“你想见识见识另外的卑鄙小人？”带来龙虾的渔民说，“我可不来，我不关心他们。”

“我们都已经享受到了身为缅因州人的特权。”另一个人回答道，完美使用了一个好用的短语。

两个人经过一个拐角处。“当然，我们这儿*风土*（*terroir*）特殊。”他缓缓吐出一口烟，用开玩笑的口吻说道。

“…… 我们拥有的土地 …… 我们称之为毒藤岛 …… 我想

在那儿种些大麻。”另一个人接过话头说，“那才能来上点够劲儿的风土！”

雅典娜抽烟伤了喉咙，声音沙哑。她的每只脚上都刺了一个潦草的字，笔迹锋利，像鱼鳞一样闪闪发光。她喜欢吃“不含任何杂质”的龙虾——没有加黄油或酱汁，单纯蒸出来的，原汁原味。过去十年，她的生活里一直充斥着龙虾。她开着一辆满载龙虾的卡车，在东海岸来回穿梭。她不是不喜欢这份总是要为不可抗力负责的工作。

“我受够了。龙虾价格下跌时，他们总是怪我。‘为什么价格下跌？’龙虾商和中间商都会对我说这种话。我哪儿知道？”雅典娜随口说道，仿佛她的这段小历史只是某种巧合。

“你知道我辞职时跟老板说了什么吗？我说，‘去做个面部护理吧！你看起来老了！’”她在香烟袅袅中笑道，“现在，我从当地人那里收购蛤蜊，再卖给批发商。你知道的，他们会再卖给餐馆的。这工作更适合我。”

她比我们大多数人年纪都大，接近五十岁，但穿着打扮像少女——廉价的人字拖，牛仔短裤，宽松的黑色背心，背心还被撕出了大口子，带着点毛边，瞄一眼就能看到她露出来的鲜艳比基尼系绳。她的头发因为染得不好而变得灰白，但这很适合她，像一种对时间的反抗。就像一个追随自身年轻时代音乐的老追星族一样，她不断调整自己的基准线，改变自己对生活的看法，直到她忘记了生活曾经有多么美好。那天夜里，她口袋里装着石头睡着了。

坐在我旁边的男人说："最近我们很少晚上待在海滩上。"

"当我还是个孩子的时候，经常有人在海滩上点篝火。人们挤在一起。滚烫的灰烬吹到我们的脸上。这就是我们童年的经历。"

"我想说，在一切消失之前，我们还有二十年的时间。龙虾、海滩、这样的生活……"一位女士回答。

几对夫妇在篝火旁互相依偎。我感到孤独，却也对自己的孤独很满足——这是我大半辈子都在纠结的矛盾点。

有时候，我想知道人会不会浪漫地爱上某一时刻，爱上那一时刻中的每个人。

一颗流星划过天空。我们大声喊出自己的喜悦，黑暗中的小船给予我们回应。

当我走向帐篷，一股柔和的风吹过古老而沉闷的山丘，它十分低调，耐心地为即将到来的冬天保留自己猛烈的怒火。一轮银月升起，如此幽暗，仿佛要召唤死者。

* * *

也许是在18世纪海龟汤盛行的时候，我们第一次打破了地球的时间和步调，开始为不断加速到来的未来创造条件。我们几乎没有意识到转变的发生，却又不得不承认，我们发明了自然历史，将它用作一种语言来描述我们正在破坏的东西，就像是在葬礼上说的那种限定了过去生活的悼词一样。

启蒙思想最显著的特点之一就是相信事物的自然演化，人们认为“野性”与其他实验性的尝试一样可被预测。就像一个管理得当的国家，每个部分都互相支持，在辅助整个国家上发挥着部分作用，这个世界也只容纳了它能养得起的确切数量的动物。自然科学家只是试图揭示上帝的神圣秩序，它将神秘力量的涌动带入平衡和仁爱之中。

但这些研究基于一种已经相当“不自然”的自然。海洋和标本已经受到了人类至少两百年的深刻影响，它们仅仅概括了一个更加拥挤纷乱的过去。然而，对于启蒙运动时期的自然科学家来说，过去并不是问题。“野性”的真相是不变的，理性总是会涉及过去。他们没有意识到，他们所寻求的正常基准是凄凉且拟人化的。所谓的基准像沙子一样在他们脚下移动。

就像火山爆发或小行星撞击一样，殖民地口味所带来的生态影响也对后世产生了深远的意义。绿海龟就是一个关键的物种，和在干燥草原上吃草的反刍动物一样，它们是营养生态学的变革力量。仅仅通过吃海草，绿海龟就能短暂地提高植物的营养价值，并催生出新的嫩芽，从而进一步增加包含双壳类动物、软体动物、多毛类蠕虫、端足类动物、螃蟹、虾、草食的鹦嘴鱼、拟刺尾鲷、海胆、小型无脊椎动物和多种幼鱼的生态系统的食物供应。绿海龟的内脏中也有会生产酶的微生物群落，因此当它们排便时，氮会随之释放到洋流中，并在大片区域沉淀下来，相当于给珊瑚礁施肥。

绿海龟的寿命很长，它们需要四十到六十年才能繁衍下一代。在将自身基因传给下一代之前，它们必将获得何等的智慧！在如此漫长的等待之后，它们互相推挤走出海洋，产下一百个带有羊膜的卵，又是多么有成就感！但是，其中相当一部分卵并不会孵化，而是在海滩上腐烂，为海岸线上的植被提供养分，从而防止沙子被海水卷走。

当绿海龟大批死亡时，附生藻类迅速生长，使得海草的生长被抑制，并导致了石灰海胆的广泛死亡，这种海胆是过去125000年来加勒比地区数量最丰富的海胆。珊瑚礁不再像以前那样受精，逐渐枯萎。海滩开始遭到侵蚀。

并非作为人类意志和欲望的产物，而是作为一种可以调节其生活环境的物种，绿海龟是如何理解自己的历史的？而那些注定要成为软骨肉汤的海龟，在风吹雨打的船上忍饥挨饿几个月，变得像风化的山脉一样沉默而坚忍，是否会在船上进入某种精神上的冬眠状态？是否只是短暂地安静思考了一下注定毁灭的未来？海龟既是海龟本身，也代表别的一些东西。它们的绿色脂肪既神圣又世俗，营养丰富而古老的身体被我们强烈的欲望摧毁、解剖。

脱离其生存环境的海洋生物不可能不造成后续影响。它们相互关联，海洋生物因生态系统而存在，而生态系统存在也是因为它们。如果没有曾经存在的大量会产卵的鱼类，新英格兰的河流和森林是否会丧失生态和谐？如今我们食用龙虾，会发生怎样的生态变化？

龙虾捕捞业是可持续管理的渔业：渔民必须放生最好的种虾和还没有机会繁殖的小龙虾。缅因州有一项法律，要求渔民在捕获的怀卵母虾背部刻上一个V字，以便向其他渔民发出信号，表明这只母虾具有生育能力，应该被放回水中。

尽管人们正在尝试养殖龙虾，但到目前为止，经济上的收效甚微。由于严格的管理，野生龙虾捕捞业正在慢慢被驯化。人们用一磅鲱鱼或其他小鱼作诱饵，因为大多数龙虾都小得捉不住，所以它们吃了饵就被放生。缅因州有近四百万个捕捞陷阱，据估计，带有诱饵的陷阱为龙虾提供了近一半的食物。因为过度捕捞鳕鱼等大型食肉鱼类，我们也无意中给予了龙虾幼崽更好的生存机会。

过去几十年来，缅因州的龙虾一直产量丰富，但科学家也告诫当地居民，包括气候变化在内的诸多因素使然，这种产量富足的情况不会一直持续下去。海面温度持续上升，特别是在缅因湾，那里的升温速度比地球其他海域快99%。温水给龙虾的生存带来了问题。温水会干扰它们的呼吸，降低它们的免疫反应，增加患甲壳病的可能性，最重要的是，会使龙虾繁殖变得更加困难。因此，人们发现越来越多的龙虾正在加拿大北部沿海较冷的水域中繁衍生息。

总的来说，野生鱼类种群面临气候变化的威胁。科学家预测到21世纪末，海洋的酸性将比18世纪时高出150%。如今，海洋酸化的速度是海洋生物灭绝时期的十倍。即使在五千五百万年前，即上一次海洋大灭绝期间，海洋酸化的速度也比现在慢十倍。

当前的海洋变化十分迅猛，导致物种没有时间适应这些变化。拥有外骨骼的动物，比如无孔贻贝、蛤蜊和牡蛎，特别容易受到酸化的影响。目前尚不清楚海水酸化将如何影响龙虾，但有证据表明，酸化会干扰它们的嗅觉和心率。随着当地海鲜逐渐消亡，沿海生态系统越来越容易受到外来螺类的入侵。我们正直面一种历史悠久的海洋遗产的消逝。

* * *

早上，我们用纸巾垫着吃了几块蓝莓蛋糕，然后用科勒曼咖啡壶冲了咖啡喝。雅典娜撕开烟蒂，用一个印着“佛罗里达问候”字样的杯子喝咖啡。我们远足的垃圾散落在野餐桌上。弯曲的吸管和用坏的发光棒。薯片、“Cheez-It”牌饼干和无麸薄脆饼干。“Natural Light”牌的空啤酒罐和杰克丹尼（Jack

Daniel's）牌的预调酒瓶。某家养的鸡下的蛋。桌上还有些肉制品，融化的奶酪和闪闪发光的熟食肉混在一起。我们在可折叠的充气垫和一双迈乐（Merrell）登山鞋旁安装了几个太阳能电池板，iPhone 手机就可以在这里充电。

我又吃了点剩下的龙虾，虽然冷了，但依然美味。

我们来到中潮岛是为了铭记时间，摆脱自制力，尽情享受野生食物，体验它所带来的自由。饿了就吃，毕竟龙虾如此美味。也许这种盛宴与启蒙运动前的宴席没有太大区别。在这一过程中，我们搜集并理解了部分物种，但我们永远无法完全领略丰富自然的全部真谛。

注释：

1. *The State of World Fisheries and Aquaculture 2018* (Rome: Food and Agriculture Organization of the United Nations, 2018).

2. “海洋可提供的最好的食物……”：Richard Ligon, *A True and Exact History of the Island of Barbados* (1657).

3. “从未吃过比这更开胃或味道更好的东西”：Peter Lund Simmons, *The Animal Food Resources of Different Nations* (New York: E. & F.N. Spon, 1885), 226.

4. “很像小牛肉”：C.R. Markham, ed., *The Hawkins' Voyages during the Reigns of Henry VIII, Queen Elizabeth, and James I.* (London: Printed for the Hakluyt Society, 1878).

5. “阻止人们猎杀……”：Alison Rieser, *The Case of the Green Turtle* (Baltimore: Johns Hopkins University Press, 2012), 113.

6. “克里奥尔退化”：Susan Scott Parrish, *American Curiosity: Cultures of Natural History in the Colonial British Atlantic World* (Chapel Hill: Omohundro Institute and University of North Carolina Press, 2006), 103.

7. “更丰富、更纯净、更自由的精神”：Thomas Parker, *Tasting French Terroir: The History of an Idea* (Oakland: University of California Press, 2015), 130.

8. “介于小牛肉和……之间”：Richard Bradley, *The Country Housewife and Lady's Director in the Management of a House, and the Delights and Profits of a Farm* (London: Printed for D. Browne, 1732).

9. “如果把它们……”：John Timbs, *Club Life of London*, vol. II (London: Richard Bentley, 1866), 276.

10. “慷慨和仁慈热情……”：*The London Magazine, Or, Gentleman's Monthly Intelligencer* 24 (1755): 229.

烩串烤野鸡

被驯养的野生动物——抹去地图上的痕迹——一种市场现象——受缚的狂热——崩溃和复兴——工厂生态系统

康涅狄格州（Connecticut）纽黑文市（New Haven）盛夏的一日，我偷偷溜进了废弃的温切斯特枪支工厂。我从工厂周围铁丝网围栏的一个开口处爬进去，然后走进中庭。三面高大的建筑物将其环绕，如同参差且阴郁的山脉。

一处空地的草坪上已经绽放出了夏季的花朵。小而可爱的淡黄色直立委陵菜与昂头挺立的法国菊交相辉映。一簇簇菊蒿和一丛丛紫茎北艾间，野胡萝卜掺杂其中。蓼、小檗、苦甜藤和蔷薇在碎石中蜿蜒生长。野葡萄和杠板归（mile-a-minute vines）遮住了光秃秃的墙壁。在庭院的中心，一棵臭椿旁长着一株梓木，它的叶片宽阔而扁平，结出的种荚像是雪茄和豆荚。无风的午后，它们安静地立在那里，晒着太阳。树下，一连串美洲山杨、挪威枫和牛奶子在贫瘠且被污染的土壤中茁壮成长。

这些物种中，许多属于已归化的入侵物种，最早作为药物、饥荒时期的食物或是观赏植物，被欧洲定居者带到这里。随着时间的推移，它们已经融入了本地的生态系统。今天，这些植物描绘出了我们的荒地。

昆虫的嘶叫构成一曲交响乐，响彻天际。一只红翅黑鹂，模样像是个戴着红色肩章的小士兵，在院子里啼鸣，然后消失在工业废墟中。高高的树上，褐头牛鹂放声高歌，它的歌声很诡异，像是滴水的声音。它扫了一眼庭院，想要寻找其他鸟来抚养她的孩子。一旦找到合适的寄宿者，它就会把自己的一个蛋产在别人温暖的窝里，而刚被孵出的外来鸟食欲惊人。

这里只有几只鸟，但这对我们来说是“正常”的。以前是什么样的？天空中的鸟会更多吗？

这座如今已经衰败的工厂的所在之处曾是一片荒野。一些描述这片地区环境的早期文章，可以追溯到16世纪末和17世纪初，在殖民地关于“可销售商品”[1]的报告中有提及。大自然似乎是原始的，没有受到任何影响。你可以从山顶走到下面的山谷，穿过十几个不同的生态系统。某些地方，人们可以在生长着大片硬木的开放公园里尽情驰骋。这里没有围栏或私人圈地，也没有充斥着蒸汽、垃圾和劳工的城市。

第一批殖民者初来时，这里野生鸟类的数量相当多，殖民者似乎只能靠“抓潜水的鸟，然后把它们烤了吃”[2]来生存。空中曾飞鸟遍布。无数的鹅、白鸽和灰鸽，山鹑有母鸡那么大。人们发现了数以百只的成群火鸡，它们味道鲜美且肉感十足，体重近四十磅。火鸡遇人十分淡定，和受过驯化差不多，人们半日之内就能杀死掉十几只。长岛（Long Island）的亨普斯特德平原（Hempstead Plains）有大量新英格兰黑琴鸡，这种鸡被誉为穷人的食物。1634年，威廉·伍德（William Wood）写道：“我是否应该告诉你，这些人是如何在一周内杀死了一百只鹅，一次杀了五十只鸭子，另一次又杀了四十只绿头鸭，听起来不可能做到，但我再确定不过。”[3]

尽管如此，许多早期殖民者并不狩猎，因为他们来自拥有严苛狩猎法律的地方，除了贵族以外，任何人都不得猎捕野鸟，他们也根本不知道如何狩猎。对于其他定居者，特别是对于清教徒和德国人来说，因为其文化中数百年来流传的有关不虔诚的野人的民间传说，使得他们将捕猎视为野蛮。毕竟想要学会狩猎，就必须生活在危险的森林中。

但是，对于大多数人来说，野生鸟类填补了生存的需要，食用禽类成为独立和自立的象征。一个人只需拿起一把枪，进入宅地以外的树林里，就可以找到晚饭。

美国境内最早的枪支是英国的火枪，笨重且难以操控，不适合潮湿的天气。这种枪一次只能打一发，然后需要进行四十个重新装填的步骤才能再次射击。与箭不同，铅弹可以击碎骨头，但火枪太过不精确，射中目标既是技巧的结果，也是机会的结果。但这似乎无关紧要，有那么多的鸟折磨着蔚蓝的天空。

当然，殖民者看来是一片荒野的土地，实际上是美洲土著居住了数千年的土地，这片土地上有这么多可以食用的野鸟，一部分就是归功于他们对土地的管理。有证据表明，这片土地的土著民族，包括佩科特人（Pequot）、莫西干尼安蒂克人（Mohegan Niantic）、昆尼皮亚克人（Quinnipiac）、波古塞特人（Paugussett），以及属于阿尔冈昆语系的许多其他的不同部落，经常会焚烧东部森林来增加捕获量。这些每年一次的低温火灾打破了森林的稳定，这既是破坏行为，又是创造行为。他们在生态演替的诸多情景中增加了林地的多样性，林中树木的树龄、密度、大小和树种都不一样，还为许多可供人类食用的野生鸟类提供了栖息地。

一场大火后，大量灯芯草嫩芽和莎草重新冒出头，这是猎物们最喜爱的草料。阳光笼罩着刚刚舒展的小片森林，野生的草莓、黑莓和树莓在温暖干燥的土壤中茁壮成长。一位殖民者曾说，这里的草莓多到树林被染成红色；另一位殖民者写道，你可以采到大量草莓，足够“装满方圆几英里内的一艘大船”[4]。

燕雀、黄鹂、欧亚鸲、连雀都以这些丰富的浆果为食，它们的家就在经过火燎的草地和防护林的边缘地带。

大火烧死了较矮小的树和非木本植物。在若干年的周期中，林地变得开阔，像公园一样，这有利于坚果树的生长——栗树、山核桃木、胡桃木和栎树。地表浅层大火后，这些耐火物种浴火重生，烧焦的根部长出新的茎。接下来的几年里，作为人类和鸟类食物的坚果产量会增加。

巨大的栎树为大量旅鸽提供了完美的筑巢地点，它们在这些森林中生活了数万年。一个旅鸽群中有一百万只鸽子实属常见。它们密密麻麻聚在一起晒了几天太阳，再次振翅时的声音听起来像是一阵雷鸣。当它们降落到栖息地时，这群自然的骚动就像龙卷风一样折断了许多树枝。

旅鸽的筑巢地点对食肉动物来说是一个福音，因为食肉动物可以食用掉到森林地面的幼鸽。旅鸽的栖息地有大量鸟粪，使当地的土壤变得肥沃，对整个食物链产生了有益影响。对于当地部落，一处旅鸽的栖息地象征着盛宴，幼小的雏鸽则被他们炖煮。

在刀耕火种的文明系统中，火被用来清除土地草植，以便人们种植农作物。树木的养分以灰烬的形式重归土壤。大火烧死了害虫，抑制了杂草生长，并且消灭了植物病害。在整个美洲土著地区，妇女主要负责农业管理，许多人采用模仿野生生态系统的高度灵活的耕作方式。玉米秸秆可以收集水分，并作为豆藤生长的支架。据一位殖民者说，当地豆类品种太多了，“多到他们不想列出来”[5]。豆类将氮散播到土壤中，使得小南瓜、大南瓜和葫芦错综交缠的藤茁壮生长，而这些交缠在一起的藤反过来又遮蔽了地面，有助于保持土壤水分并挤走有害植物。这是一个巧妙的生态系统，可以加强作物根系，减少土壤侵蚀。据估计，它每英亩产量超过二百蒲式耳作物，是英国农田产量的五倍。几年后，当土壤失去肥力时，田地会被遗弃，它可以重新长成森林。

当地农民还有一种野生的畜牧方式，他们夏天用玉米喂养野生的火鸡，等到秋天火鸡变得肥美，就用诱饵陷阱将它们捉住。田野的边缘，火鸡以森林为遮蔽、以农作物为食物，在人类的陪伴下茁壮成长。

在沿海盐沼地区，昆尼皮亚克人用灌木丛建造了鱼梁①，退潮时就可以抓住鱼。这些临时形成的池塘里困住了各种昆虫和海鲜，吸引了成群的水鸟。随着时间的推移，陷阱的一部分会与沉积物一道填满塘底，然后塘底长满米草属的植物。这个过程助于加速盐沼的形成，而盐沼为可供人食用的鹬鸟、燕鸥、新英格兰黑琴鸡、长嘴半蹼鹬和斑胸滨鹬等鸟类提供了筑巢场

① 顺水势设障的一种捕鱼装置。——编注

所。妇女和儿童在海岸边捡拾“珍宝”——水鸟的蛋。4月和5月，人们用罗网或木棍捕捉欧绒鸭，一种体形是欧洲母鸡两倍大的大型海鸭。秋天，部落居民们捕捉大量候鸟烤来吃，包括黑雁、哀鸽、燕鸥、帆背潜鸭和美洲绿翅鸭。

许多沿海的鸟类会飞迁到大平原地区，那里有证据表明，早在数千年前，早期的土著居民经常人为地引发小型火灾，来侵占原始范围之外的草原，扩充他们的栖息地：大火阻止了树木侵占土地，并让养分重新被土地吸收，有助于某些需要热量的草籽发芽。春天，成片的花朵将平原染得姹紫嫣红，五颜六色的花朵像波浪般接连不断：胭脂红、金色、紫罗兰色和桃红色。这些花中栖居着数百万只野鸟。当中最美味的是草原松鸡，或艾草松鸡，苏族、肖松尼族（Shoshone）和黑脚族（Blackfoot）就是以这些鸟复杂的交配仪式为灵感，编排了庆祝舞蹈。人们用黏土包裹野鸟，然后放在火上烤；烤熟后清理掉表面的黏土，把羽毛剔去，留下鲜美多汁的蒸肉。

每一种文化都会对自然产生影响，美洲原住民与土地的关系并不总是和谐的。一些部落会放火烧山，火焰点燃夜空，山坡上的树木被悉数烧尽。有时，他们无法控制大火蔓延，整个山坡都会被大火吞噬。有些年份，野鸟被过度捕猎，第二年它们的数量也仍然稀少。美洲原住民生活的荒野是一片被驯化的荒野，他们意识到了自己对土地的影响。他们知道，他们的存在将改变其轨迹。但有一些影响是使土地恢复生机的力量，可以增加生物多样性和丰富性，其他的影响则需要给大自然一段时间休息来恢复。这种管理土地的方式是一种允许政治、文化和技术长期共存的形式。

*　*　*

我从中庭走上爬满藤蔓的生锈楼梯，踩过树干和穿透了金属板条、缠绕在栏杆上呈螺旋状向上生长的树叶。在二楼，我发现一扇破窗，里面有只鸭子。

工厂的每个房间都像一个不同的生态系统。木地板像深海底部的海脊一样被压弯。井井有条的枯叶旋涡抵御着冰碛褶皱。面向庭院的窗户被藤槭和五叶地锦那精致的卷须和新鲜的树叶覆盖，可它们遮盖得不太严密，仿佛一幅水彩画。许多窗户上有被石头、子弹或砖块砸破的洞。爬藤的叶子用力穿过缝隙。对面一排窗户像纸桦的叶片一样零碎。

一条长廊的尽头是一个无法继续通行且漆黑的房间。天花板早已塌落，仅剩一堆腐朽的横梁、地板和木凳，就像是高山遭遇微爆气流时，树木被吹倒形成的裂缝。这些材料奇怪地堆叠在一起，似乎互为表里，仿佛仍处于受冲击的剧痛中。落在地上的木头的边缘被白蚁和真菌亲手碾碎。人们起初用链锯砍倒树木，但后来又将它们抛在一边。

对最早的欧洲殖民者来说，新大陆是一片荒地（*terra nullius*）。几个世纪以来，“荒地”（waste）一词一直与“荒野”（wildness）一词互换使用，来表示未开发的土地。（拉丁语词根“vastus”意思是空虚或荒凉。）约翰·洛克（John Locke）认为，改良土地是一项自然权利，他用“荒地”一词来表示尚未变成私人财产的领土。这反映了欧洲人长期以来对人和自然惰性的担忧。早在16世纪，英国政府就劝阻农民退耕还草，这种行为被视为“将地球变回懒散、无益的状态”，让田地休耕被认为是“对普通人最大且最危险的妨碍和损害”[6]。

因此，对许多殖民者来说，土地所有权意味着可以使用和占有土地，而美国原住民的狩猎、采集、焚烧和农业活动称不上是改善土地的活动。定居殖民主义者根据罗马人的理想实行了一种农业形式：将田地以几何图案排列，并用沟渠和栅栏隔开。在这种情况下，土著民的田地就看起来凌乱不堪了，毕竟他们没有定居者的犁所耕出来的直线。

到了17世纪晚期，新英格兰的地图通过将土著民占据的“荒地”留白，从而合法肯定定居者的存在。人们普遍认为，不管怎样，美洲原住民会“自然地”灭绝，他们根本不可能在现代生活中活下来。事实上，鼓励这种“自然灭绝”的主要策略之一就是摧毁他们赖以生存的野生食物来源。虽然许多原始土地契约承诺美洲原住民可以继续依靠土地来获取食物，但这取决于那块领土是否被圈占。围栏一旦竖起来，便意味着这片土地被“明显改良了”，当中生活的野生鸟类不再被认为是可公共捕猎的。

这种看似简单的所有权理念导致了大规模的生态变革。欧洲人引进了一种以商品作物为基础的农业体系，而这种体系依赖于从进化角度来说，北美并没有的大型役畜，比如牛。它们沉重的蹄子会破坏土壤，将土壤压实，令土壤失去肥力，并降低土壤的吸水能力。牧场主在草地上过度放牧，同时排干了盐沼。犁这种工具是一种反复出现的灾难，它会周期性地干扰土壤表层状态。蓝草和白三叶草入侵草地，占据了许多野鸟栖息的原生草植的生存空间。豚草和蒲公英从田野中飘出，侵入了周围的树林。

抓到食肉鹰、隼、猞猁、狐狸和狼也有赏金。这些捕食性动物被彻底消灭了，老鼠不再受到任何威胁。可恶的害虫卷土重来。由于木材是一种珍贵的商品，火灾被视为一种威胁并被人们预防着。但是，如果没有原住民焚烧森林的行为，森林的组成会发生变化。较矮小的树木、灌木丛和荆棘会挤入林间。虫害爆发了。登上船的老鼠在林地间四散开来。

几乎每一棵留下的树都是有用处的。如果没有能维持气候稳定的高大树木，气温波动会极其激烈。冬天的地表变得更冷，夏天变得更热。风开始加速，土壤被吹走；雨水更容易变成洪水，土壤被冲刷。河流在夏季干涸，湖泊充满沉积物最终消失。

到1790年，东海岸的土地变得越来越贫瘠、松散易吹且肥力枯竭。日积月累，诸多人类意想不到的后果越发严峻。短短几个世纪，殖民者将遍地野鸟的开阔森林变成了牧场和灌木林。

早在1672年，野生火鸡就越发少见了。新英格兰黑琴鸡成为一种稀有而昂贵的鸟类，深受有品位的人追捧。农民抛弃了他们的田地，放弃了他们岩石密布的牧场。他们给马套上马鞍，扛上步枪，一路向西，涌向边境和未开发的地区。绵延不断的马车队构成了一幅大逃亡的画面，就好像他们被拴在一起一样。尽管如此，早晨的阳光还是会被旅鸽挡住，当它们成群飞行时，翅膀和身体交织足以遮天蔽日——尽管遮得可能没有以前那么严实了。

与此同时，草原上的文明正在崛起。马拉犁已经过时，蒸汽联合收割机搅起泥土，小麦和玉米作物向四面八方生长蔓延，占地已不可计。道路得到修整，铁道呼啸而来。“你环顾四周，低声说。”一本针对西方定居者的指南宣称，“我征服了这片荒野，我令混乱之地孕育出了秩序和文明，只有我一人做到了。”[7]

* * *

工厂东北翼的三楼有一个巨大的房间。“*小心*”，入口处的一个黄色标志写道，“*进入该区域需要保护好眼睛*”。前方传来抓挠的声音，当我走向幽暗深邃的房间，一只动物从我头顶上方的管道里蹿了出来。

走到大房间一半的位置，我看见位于中央的柱子上印了一条信息。

新的避难所

谋杀率

温度计

“*温度计*”几个字的底部有一半模糊了，没入斑驳的血红色油漆中。附近，一只死掉的浣熊尸体蜷缩着，以胎儿的姿势，它正是有毒工厂受害者的动物标本。它的爪子和尾巴指向我来时的方向，像一个呈尸僵状态的路标。屋子里弥漫着有机物在化学作用下腐烂的气味，这种味道似乎干扰了我的视线，提醒着我是一名入侵者。我捂住鼻子和嘴巴，屏住呼吸，赶紧走了出去。

通往四楼的楼梯间，墙壁叫嚣着成千条相同的信息，“RA. RA. RA. RA. RA”，用蓝色、红色和淡紫色之类颜色鲜亮的喷漆喷上去。字符重叠，仿佛是许多人同时在叫嚣，一次持续好几天。当我迈上另一段楼梯时，从楼梯的立板和梯面依然能看见叫嚣着的“RA.RA.RA”。楼梯的扶手曾经被上千名工人忙碌的手掌擦得闪闪发光，现在却只能胆怯地勉强发出一声属于自己的“RA”。我把它们都抛在身后，让它们在没有我的情况下继续狂躁的对话。

20世纪40年代的鼎盛期，温彻斯特工厂雇用了四万多人。它占地八十一英亩，占据了九个城市街区，铁轨和公路直接连接工厂外围路段。工厂里有电气车间、看管服务部、废料利用车间、钣金车间、管道车间、箱式车间、运输部、仓库、十一个干燥窑和一个精加工车间。用于制造子弹的火药储存在沿着马路不远处，一个占地二百一十六英亩且长满松树的沼地中的五个大池塘里。用作枪托的美洲黑胡桃木必须取自密苏里州和堪萨斯州一条长五百英里的特殊地带：因为产自极北地区的木材会被冻裂，而产自极南地区的木头又软又潮湿。

1798年，轧棉机的发明者伊莱·惠特尼（Eli Whitney）建立这家工厂，第一份合同是在两年内向政府交付一万支火枪。惠特尼希望制造出一种不仅比现有枪支更精确、更耐用、更容易维修，而且制造速度更快、成本更低的枪。想要达成这一目标必须依靠精密机器，并按照严格的分工安排工厂人员，制造出标准化的且可互换的零件——在当时，枪支制造仍然是一个以手工工艺为基础的行业。他提出了一个相当新颖的想法。

惠特尼在创建他的工厂时写道，“我的主要目标之一就是造出工具，如此一来，工具本身就可以完成这份工作……一旦造出工具，将给成品带来非凡的一致性”[8]。我想知道他是否意识到了词句中的预言。随着枪支的制造效率提高，人们捕杀鸟类的能力也随之提高。

惠特尼是由工业资本家主导的新兴市场经济的一分子。这种新的经济结构不仅依赖于标准化，还依赖于增加生产和消费之间的距离。19世纪早期的"市场"存在基于时间和环境发生的变化，与过去所见之世界截然不同。人口稀少的内陆地区、茂密的森林、耕地和不断发展的城市，正通过公路、运河和铁路网络彼此相连。数千英里外生产的产品被展出待售；而另一方位，数百英里之外的消费者选择购买。

市场是全部活动的中心，展示着遥远边境上的鸟羽血腥。从北部的森林地区到西部的大草原，以及南部的海湾和海岸，这里有很多罕见的品种和稀有变种。到19世纪中叶，东部大都市中心的消费者可以购买到来自美国各地的各种野禽。看看他们的选择，我们会发现如今的贫瘠。1867年，一位作家为纽约、波士顿和费城的公众食品卖场上出售的一百一十九种野生鸟类编目，数量大得惊人。

小天鹅、豆雁、花嘴�。鸟儿们谦逊但高贵，活时生活在木笼子里；死后，羽翼丰满，眼睛完好无损，仿佛它们的尸体只是活着的另一种状态。柳雷鸟、高跷滨鹬、小黄脚鹬，褐腰草鹬和长嘴秧鸡。历经数百万年进化的珍禽亮相。鸭科有四十个品种：鹊鸭、针尾鸭、棕胁秋沙鸭和北美斑鸭。夜鹰的肉吃起来极为鲜美。知更鸟和冠蓝鸦被拴在一起。刺歌雀、雪松太平鸟、鸻鸟、杓鹬、秧鸡、嘲鸫和鸫鸟。即使是一只活着的老鹰，只要它被关在笼子，也注定要落入动物标本剥制工的手里。

随着可供购买的鸟类越来越多，为新兴中产阶级家庭主妇准备的烹饪书籍中开始纳入野禽食谱。鹅、鸭或丘鹬，用洋葱、鼠尾草和少许胡椒调味。一种很适合炖煮野禽的酱汁：倒一点酒抓一下鸟类的肝脏，加入柠檬皮和黄油一起炖煮，倒入盘中。记住，千万别把赤颈鸭或绿头鸭煮老了。只需要小火慢烤十五分钟，否则肉汁就没了，吃起来会很硬。幸运的是，把一只煮老的鸟做成红烧禽肉很简单——一种加入蘑菇、野禽及多种调味料，同时用酒作为烹饪基础的蔬菜炖肉料理，如果你买得起的话，还可以加点松露。草原松鸡的肉是深色的，一只体型较大的草原松鸡可以喂饱一家人——除非你的胃口太大，非得吃上两只。玉米粉加白兰地，和出一个可爱的面团塞进草原松鸡的肚子，出炉时必是纯然的老饕风格。但是，请小心那些不诚实的人，他们会把腐坏的鸟肉和新鲜的鸟肉混在一起卖。试着拔一拔松鸡肛门附近的羽毛，如果很容易拔下来，那么这只鸟就不能吃了。当然，鼻子也能嗅出不新鲜的肉难闻的气味。

家禽不再是家庭自给自足的标志，它们已经成为一种消费现象。野鸟被堆在桌子上，简简单单但胜在量大。在纽约一家颇具商业雄心的酒店里，你可以点到鹭、白头海雕、秃鹫和猫头鹰。除了欧亚鵟，任何鸟都可以吃。在戴尔莫尼科餐厅（Delmonico's），或许是纽约最著名的高档餐厅，菜单长达十页；主菜共有三百四十六道，包括十种野鸭。

帆背潜鸭被认为是餐桌上最好的选择，而最好的帆背潜鸭来自切萨皮克湾（Chesapeake Bay），那里的鸭子吃美洲苦草长大，因此味道鲜美。像18世纪食用海龟的食客一样，喜欢帆背潜鸭的老饕们也因为其选择备受嘲笑，尤其是好多人根本尝不出鸭肉真正的味道差异。据了解，至少有好几家厨房用帆背潜鸭的鸭头去装饰更次品质的鸭肉做的菜，而当空盘子被端回来时，食客们都挺满意，没有聪明人发现这些鸭头已经准备好装饰下一道菜了。

随着人们对正宗帆背潜鸭的需求增加，它的价格涨到每对三美元。六桶的价格是一千美元。到1885年，帆背潜鸭的价格达到了每对五至六美元。随着成本增加，人们更加狂热地想把这种长着羽毛的猎物的价格压下来。

第一批以狩猎为生的人是住在偏远地区的居民，他们在阿第伦达克山区（Adirondacks）或五大湖地区（Great Lakes）长大，从小就熟知溪流和山谷的情况，而他们居住的地方鸟类众多，几乎不用担心浪费。但随着人们对野禽需求的增长，每一个持枪的人都想要从中套取利润。

为了更高的屠杀效率，以狩猎为生的人会使用任何手段：沉船和带诱饵的捕捞网、舷炮、后膛枪、毒药和粘鸟胶。沉闷的铃声和口哨声吸引鸟儿落入圈套，诱捕猎物的本质假鸟遍布湖面。训练后的活旅鸽用绳子拴住吊在空中，召集来成群的鸽子，一网下来可以活捉六百多只鸟。一天内，可能会有超过七万五千只旅鸽被送进市场。

最大口径的枪支能够完成效果惊人的射击。平底船枪是一种特制的猎枪，枪管直径可达两英寸，每次可发射一磅的子弹。这种枪的后坐力很强，能把两个人击倒，所以它通常被安装在船上。只消一扣扳机，就可以杀死五十只以上的鸟。通常八到十艘船排成一行，准备着协同射击。一个下午就会有五百只水鸟死亡。大丰收，大屠杀。

尽管有各种各样的狩猎活动，一些野生鸟类——像今天的鹿和浣熊——仍在19世纪发展的环境中短暂地繁衍生息。散布在大平原地区的农场仍然零零散散，四周都是路畔未开发的草地。在迁移的季节里，成群的草原松鸡——羽毛都长到脚踝了，“全副武装”[9]，肉质细嫩，味道鲜美——来到田间。有了农作物作为食物来源，还有附近长满草的山丘可以筑巢，这群动物开始生长和繁殖。母鸡们到处产卵，一次产十二至十五个蛋。几英里外都能听到它们可怕的尖叫声。寻找配偶的雄鸡放声啼鸣，洪亮而富有弹性，声音柔和且持续、令人兴奋，听起来像是在雨中呼唤。清晨和傍晚，鸟儿栖息在围绕农场一圈的围栏上。它们聚集在未采摘的玉米地周围，宛如帝王准备享用盛宴，数千只草原松鸡惊人的破坏性使大片庄稼被压毁。

这些野生鸟类在庄稼地间漫步，不仅无视了人类对文明生活的尝试，而且像野蛮人一样大肆掠夺，并从中实际受益，草原因此更显荒凉。每个人都想知道，为什么鸟的数量变得如此之多，甚至比以往任何时候都多。以狩猎为生的人提出了一个问题：草原松鸡是否原产于这个国家？在玉米被种在这里之前，它们是如何生存的？

人们给以狩猎为生的人和他们的马提供免费的食物，换取他们的屠杀服务。多么壮烈的狩猎！在一块四十英亩的田地里，鸟儿的数量比所有联盟城市一个月能消耗的数量还要多，一天足以杀死一百只鸟。当地市场供过于求，鸟肉再也卖不出去了。

随着铁路向西延伸，草原上的鸟类早上被射杀，下午被冷冻，几天后便在纽约作为“季节性食物”[10]售卖。鸻鸟、鹬鸟、草原松鸡、鹌鹑、鸭子，甚至是正当季的鸠鸽，都被大量贮藏。死去的鸟先在冰面上冷存，然后结结实实地装进木箱，装着冷冻的鸟的木箱要在火车上度过两三天。打开一口箱子，里面八百只冻硬的鸟尸原原本本地保留了冬季的严寒；这种情况极为常见，仿佛火车是在冰上滑行，而非靠着蒸汽前进。

野鸭贸易可是一笔大生意。长岛的一名商人雇用了二十名男性捕捉野鸭，一个抓捕季里使用了二十三桶火药。这些鸟被装进桶里，用汽船运到纽约。平均而言，每周有十五至二十五桶野鸭被运走，不过在某个格外夸张的星期里，野鸭贩子装运了三十一桶。

鸟禽投机活动席卷全美，野生鸟类就像现金或政府债券一样容易卖出。当鸟类数量处在高峰时，人们将鸟杀死，然后把它们装进帆布袋，保存在地下冷藏室。当淡季来临，市场供应量下降，这些解冻后依然美味的野禽可以卖出个好价。每天都有过量的禽肉被运至东海岸市场，运至时，许多禽肉已然酸臭。

有一段时间，这座城市就像一个茧牢牢裹住她的居民，令他们选择遗忘为解决饥饿所施的暴行。城市市场上丰富的肉品种类掩盖了当地鸟类灭绝的事实，消费者几乎没有意识到价格的小幅上涨，意味着种群数量的整体减少。野禽似乎不知其始也永不消亡。然而，这些垂死的鸟儿，如同不祥的预兆，预示着人类欲望的不合理性。我们尝试避免生活的随机性，结果是我们变得贪恋稳定。“浪费”一词有了新的含义——人类过度勤勉。

*　*　*

工厂一处光线充足的地方长期大量积水，积水下是大片斑驳的水藻。被藤蔓覆盖的窗户在杂乱的植物群落上投下了一层阴影。墙壁变成了垣藓夜蛾（marbled green）的颜色，染着浅蓝色的污渍和已然从橙色褪为红褐色的蛇蜕。工人们曾经扎堆洗手的一个红色混凝土喷泉里如今布满了蜘蛛网。这间房间有着精心设计过的新古典主义建筑风格的水上花园效果，仿佛正装饰着某座偏远的欧洲别墅的空旷处，而男爵夫人含泪承认她再也负担不起维护费用。

当我走过这些工厂的房间时，我感觉自己像隐形了，心情愉悦且无人打扰。这和我在空旷的树林中穿行时感受到的自由一样。

“自由”，就像“浪费”一词一样，也随着市场经济的兴起而被重新定义。几个世纪以来，自由的概念基于政治主权之上，但在19世纪中叶，自由越来越多地被用于表明个人购买多种商品的能力之上。美食文化在城市中心的扩张导致了个人主义意识的提高，你可以通过吃什么来定义自己。反过来，市场依靠这种“个人自由”感来扩大业务范围和进行自身发展。

但对于当时的超验主义哲学家来说，最高的自由便是有能力认识自己，他们认为这一能力的最佳获得地点就是大自然。接触自然之源，便可找到内在的真理。在禽类狂热中，自然之旅反而成为个人解放的最高形式。

富有的实业家会去野外远足。在阿第伦达克山脉和美国白山国家森林公园（White Mountains），他们住在故意保留原始风

貌的酒店里 —— 酒吧是角落里的一桶威士忌。在森林里度过了愉悦的一天后，坐在酒店餐厅里，面前是一盘野鸭，你便体验到了完美的食物和自由感。

不过，过于频繁地食用荒野中令人振奋的滋补品并不明智。暂时的冒险是获得健康和耐力、培养自我反思能力、享受原始生活的必要条件，只有这样，你才能焕发新的活力，回归属于你的艺术 —— 写作以及你的领域。

对过去的怀旧与对未来的纯粹的技术乐观主义思绪交织，机器和山民在这种集体想象中产生碰撞。这些享受着高科技的浪漫主义者一方面引用梭罗的话，另一方面又宣传蒸汽联合收割机的优点。因此，富人们开始既相信田园诗般的大自然美景，又相信永恒的技术发展。

但对于穷人来说，尤其是在欠发达的南方地区，大自然并不是一个宁静的地方，而是一个寻找基本营养物质的地方。在南北战争之前，大多数并非奴隶主的南方人，都是通过狩猎和采摘野菜来补充自己的饮食。野生食物弥补了他们在获得均衡营养和忍饥挨饿之间的空白。

对被奴役的人来说更是如此。对于成千上万逃跑的奴隶来说，沼泽是他们的避难所，野禽是他们的生存之源。他们用藤条制作了金字塔形的陷阱来捕捉山鹑，在山洼里做礼拜，并沿着水道在小径间穿行，目的是提醒自己，他们还有奴隶之外的身份。自然弥补了自由与白人权力暴行之间的空白。

南北战争期间，军队中几乎人人吃不饱。虽然军中禁止捕杀野鸟以免浪费弹药，但许多士兵还是这么做了。南部湿地里仍然有大量的水鸟，当时它们尚未被以售卖猎物为生的人大量捕杀。士兵们用刺刀串起鸟放在火上烤。驻扎在弗吉尼亚州斯塔福德附近第101编队的纽约志愿军中有个屠夫，他带回来了肥美的知更鸟，如果上校给他提供子弹，他保证自己还能带回来一堆沙锥鸟。虽然藤丛之外的野生火鸡很少，但它们是最好的食物。士兵们用火鸡羽毛制成的羽毛笔写信回家，信中描述了战场上的硝烟和他们饥饿的肚子。

战争结束后，数千名疲惫的老兵回到了农场，一片贫瘠的景象使得他们对南部盛产水禽的记忆挥之不去。南北战争之前几乎没有所谓的运动爱好者，可战争造成大约二十五万人死亡后，男人们敏感得快要神经衰弱。也许他们渴望以一种可控的方式体验荒野，及其中所有的生死戏剧。

狩猎运动是一种经过克制的暴力行为，是一种结构化的休闲形式，有它自己的风格、规则和技术词汇。南北战争带来了更好的枪支技术，运动爱好者可以从包含数百只鸟的混乱鸟群中射下一只鸟。他的一举一动都是对自身技术和道德的考验。他公平地追赶着鸟群，又没有必要去杀死它们，也使得这一行为变得更加纯粹。没有什么能比得上因恐惧、新鲜空气、狩猎的刺激和围绕篝火跑动带来的肌肉酸痛而产生的那种内心炽热的感觉，它们正是赢下特别挑战及其奖品的证明。

对于运动爱好者来说，猎鸟的冒险经历本身就是一种商品。男人们交换意见，阅读狩猎故事，在流行杂志和书籍中了解必要的装备——象牙扣的狩猎装、宽边棕榈帽、双管短猎枪、小火药瓶和一流的弹药。

铁路的发展开始让南部未经开发地区的居民也了解到狩猎运动，那里的鸟翅膀更结实，也更适合射击。这些狩猎旅行依赖于最近才被释放的奴隶们的劳动。这些自由人娴熟地驾驶小船经过弯曲的柳树，告知外地人当地禽类的习性和特点，他们牵着狗，安营扎寨，烹饪晚餐，生火，表演，娱乐；他们善于社交，大体上符合人们预期中的"真正的南方黑人"[11]的模样。

许多体育运动爱好者鼓励女性也参加射击运动，以此使这项运动成为一种体面的上流娱乐形式。几个世纪以来，女性一直是被隐藏着的：她们要么是在花园里的庄稼地里，髋部背着孩子，手里拿着玉米；要么藏在厨房里，藏在餐厅单独属于她的房间里；或者藏于帽子以及几英里长的织物后面，长长的拖尾裙上有层层蕾丝、丝绸、荷叶边和装饰。她们的自由像她们的腰部一样被紧紧束缚。哪怕只是短暂的远足，参加体育狩猎的女性也受到机会平等的激励。在野外，由于周围的物质资料较少，妇女终于被解除了仅作为财产的角色。外出狩猎即意味着享受富裕的白人男性在文明生活中慷慨给予的自由。

* * *

我走进实验室的废墟中，这间屋子里的腐烂程度感觉比工厂其他地方更可怕。实验室的“文物”曾出现于我们的生活中。电炉和生锈的机器端坐在实验室的工作台上，电线断开了，像死蛇一样盘绕在地板上。由调制钢打造的工作台弯曲变形，痛苦地试图反抗被遗弃。白色的塑料百叶窗遮住了一部分窗户，还有一些被扯断了。一根橡胶软管在漏水，油毡不再完全贴合，抽屉和橱柜四敞大开。这一定是一次仓促的撤退。关上它们有什么意义？

到了19世纪末，大自然不再代表自给自足的自由。它已经成为一个超越自由的地方。正是不断感叹自己必须越走越远才能找到猎物的运动爱好者们，成了第一批注意到野禽数量下降迹象的人之一。对为运动而打猎的人来说，为市场而打猎的人是大自然的威胁。但其实他们才摧毁了自然，索取得太多，贡献得太少，为了好玩向振翅的鸟类射击。从威斯康星州到得克萨斯州，为运动而打猎的人和为市场而打猎的人沿着每一处海岸，追寻着这些鸟。两队人之间的暴力威胁和实弹冲突变得像争夺相同的目标一样寻常。

保护主义思想首先从北方传出，一路向西，最后在南方落地。尽管猎物法旨在保护野禽，但大多数情况下，它们的制定方式是为了让爱好打猎运动的人受益。不过，猎物管理员通常会同情以捕猎贩卖为生的人——他们认为相比于那群以打猎为运动的精英阶级，以捕猎为生的人和自己是来自同一个社会阶层——并经常从猎物贩子那里收受贿赂。“偷猎者”和“猎鸟人”将一个州禁止出售的鸟类走私到法律不太严格的相邻州。他们以猫头鹰的名义出售野鸡，并用标有“鸭子”的箱子装运披肩榛鸡和鹌鹑。管理员从托运人那里缴获了大量野味，有时他们也会从没收的货物中获点利。

栖息地遭到破坏可能导致的鸟类死亡量不会低于捕猎。1850年至1910年，森林以惊人的速度减少，美国大陆几乎10%的森林被砍伐。加利福尼亚州的中央谷地曾是一处大型河岸生态系统，大量的野生鸟类在此栖息。到了19世纪90年代，这里已经变成了农田。随着越来越多的农场遍布各地，大草原的面积正在缩小。

自然资源环保主义者执迷于复兴和纯粹。清理自己祖先给森林和草原带来的麻烦，让它们回到曾经的“原始”状态，对这些人来说是一种乐趣。根据新兴的自然保护伦理，解决我们强烈欲望的办法，就是彻底远离荒野。只要这个国家有部分地区保持着所谓的“纯粹”，那么就会有另一些地方继续被工业摧毁。

创建第一批国家公园时，政府通常是通过强行迁走居住在该片土地上的美洲原住民达成的。偷猎罪的犯罪率在经济衰退期间上涨，这种罪行被视为对“公共利益”和“国家公地”的破坏。没有什么人担忧那些在现金经济边缘苦苦挣扎的人。美洲原住民日益被限定在与外界隔离且资源匮乏的保留地中，人们残忍地要求他们抛弃自己的传统习俗。由于购买州政府颁发的狩猎许可证花费巨大，而且进入开放狩猎的地区也受到限制，许多部落开始减少以狩猎和捕鱼为谋生手段的依赖，尽管部落中的许多人是为了来自美国、欧洲和加拿大的游客而成为狩猎和捕鱼向导的。

工业化国家创造的财富在渴望自给自足以及渴望旅行享乐之间划出了一条明显的界限。大自然本身已成为一种有价值的商品，相比于餐桌上的尸体而言，活着的野生鸟类对于自然经济来说更有价值。1900年，《雷斯法案》（*Lacey Act*）禁止跨越州界运输野味，尽管彼时许多野生鸟类的数量已大幅减少，捕捉这些鸟也不再有利可图。1918年，一系列联邦法律宣布为在市场销售而狩猎这一行为违法。

在许多方面，正是口味的改变拯救了剩下的鸟类，市场上最新的流行品种变成了少见且引人注目的家养鸡。

如今，品尝野禽的乐趣对我们大多数人来说都是陌生的。帆背潜鸭还在苟且偷生，但它们已经不太会在切萨皮克湾迁徙了。草原松鸡濒临灭绝，旅鸽被吃到灭绝（新英格兰黑琴鸡、拉布拉多鸭和大海雀也是如此）。野生火鸡在20世纪50年代被重新引入美洲，现在它们成了胆小的动物，在郊区的街道上游荡，寻找祖先的领土。

爱好打猎运动的人继续为保护湿地和水鸟栖息地而努力着，尽管许多人已经开始在私人保护区里猎鸟；那里的鸟先被关在笼子里饲养，然后被放飞野外，迎接带它们走向死亡的子弹。

我新墨西哥州的老家有仍然打猎的朋友。我记得有一天晚上，一位朋友做了布法罗鸭翅[①]。我咬下一口有嚼劲且味道甜甜的皮，发现咬到了某种硬物。原来是一颗子弹卡在了肉里。

自然保护法在诸多方面起到了作用。许多鸟类种群得到恢复，有些数量已经多到我们如今谈之厌恶的地步。我们形成了一种保护伦理，即认为野外就是没有人的原始地区，纯粹为了短暂的旅行和精神复兴而存在。与此同时，在这些保护区之外，社会发展继续威胁着鸟类的生命；据估计，仅在过去的五十年里，我们就已经失去了近三十亿只鸟类，其中大多数是常见的鸟，比如燕雀、乌鸫和麻雀。

当美洲原住民被赶出家园时，我们不仅忘记了他们的烹饪

---

① 布法罗鸭翅（buffalo duck wings）：一种以纽约州布法罗城命名的鸭肉料理。

语言（以及烹饪野禽的巧妙方法），而且更重要的是，我们切断了与自然的关系。我们才认识到，美洲原住民部落凭借自身文化习俗来保护荒野的许多方式。近年来，来自美国各地的部落开始重塑他们的饮食传统。苏族人参与了恢复大草原的项目，希望能唤回属于苏族的鸟。他们再一次焚烧草场。

* * *

我爬上一架摇摇欲坠的、生锈的梯子，登上北边的屋顶。用来将梯子固定在墙上的铁条螺栓不见了，顶部和底部的一些结构支架也受到了腐蚀，被那些看不见但永远存在的力量侵蚀掉了。我轻轻地扶着薄薄的扶手，爬过淡绿色的墙壁，走向一个明亮的小广场。随着我一路向上，梯子一路抖动。

我坐在屋檐上，上面喷涂了“*OM*”[①] 字样——一种代表整个宇宙的神圣声音，我向南凝视着这座城市。后工业的模样。20世纪70年代的哥特式建筑。混凝土和砖块在五点钟的光线下闪闪发光。警笛在远处回响。头顶和远处，俱是加速的天空。

反方向，我可以看到远处森林密布的小山的蓝绿色形状。我们管理得当的东部森林是一片被拯救的森林，现在森林的增长速度比几个世纪以来都要快。但它不再是曾经栖息了众多鸟

① 作者此处或指六字大明咒中的“唵（OM）”，唵嘛呢叭咪吽，即 Om Mani Padme Hum。——编注

类的同一片森林了。这些森林中再也没有旅鸽的身影，旅鸽对于树木生态的影响是巨大的，但人们目前还没有完全了解其作用。这些森林也不会碰上火灾了。没有火焰吞噬，蔷薇和苦甜藤会摧毁整棵树。随着潮湿且黑暗的空间增加，蜱虫大量繁殖。光肩星天牛正在啃噬枫树，枯萎病几乎使得栗树灭绝。这些参天古木（这里到处都是巨大且孤独的白栎）是我们已经失去的殖民前遗产的唯一提醒。

这个破旧的工厂也有一些美好之处，但我所能想到的是导致它出现并最终衰落的惊人暴行。我想象着黄昏时森林的光辉，一群鸭子落在湖面上，身后荡漾出白色的水花。然后，每只鸟开始变形，我看见男人们穿着血淋淋的围裙，女人们背着沉重的篮子，还有扭曲的野鸟尸体。火车、冰块和枪支结束了这些鸟的翱翔一生。在这么多死去的鸟的羽毛中，隐藏着一段追逐野性边界的完整历史。

未来的野性边界很可能就是这些被资本抛弃因而受到忽视的空间。这座废弃的工厂是一处混合景观地，由自然拥有、居住和占据，每个房间都有崩溃和复兴的历史。这些房间传递着过去的灾难。每一次侵扰都会被按照严重程度分层，而不是某一次暴力事件的快照。这是对统一性原始而野蛮的一次破坏。大自然不是进步，是衰败。

正如工厂的建筑处于被遗忘的状态一样，植物和动物也在我们不作为的情况下为自己的命运寻找出路。野生鸟类在废墟中的生活方式与森林中的同类不同。它们周期性的在每一个繁殖季节回到这里，像是一种仪式，把植物种子撒在新出现的、不规则的缝隙里，看着鼠茅、小蓬草、穗三毛和狗尾草从破碎的人造基层中发芽。点燃工厂墙壁的常春藤就像挣脱束缚的轻柔涂鸦。对别物漠不关心，故意不去控制自己，在消逝的失落系统中茁壮成长。这不是荒野的定义吗？拥有自我意识的土地自有其独立性。

随着时间的推移，我也成了工厂生态系统中的被作用者，大自然则是这里的作用者。我在这个下午尽情探索。日光渐暗，我继续在工厂间穿行，直到走不动为止。

注释:

1.“可销售商品”: Michael Lewis, ed., *American Wilderness: A New History* (Oxford: Oxford University Press, 2007), 22.

2.“潜水的鸟，然后把它们烤了吃”: Rev. Francis Higginson, *New England's Plantation or a Short and True Description of the Commodities and Discommodities of that Country* (London: Michael Sparke, 1629).

3.“我是否应该告诉你……”: William Wood, *New Englands Prospects* (1634).

4.“装满方圆几英里内……” Richard Hooker, *Food and Drink in America* (Indianapolis: Bobbs-Merrill, 1981), 12.

5.“多到他们不想列出来”: Hooker, *Food and Drink in America*, 13.

6.“将地球变回……”: Joan Thirsk, *Alternative Agriculture: A History from the Black Death to the Present Day* (Oxford: Oxford University Press, 1997), 23 - 4, citing speech in House of Commons on Enclosures (Hist. MSS. Com. MSS. of Marquis of Salisbury, Part VII, 541 - 3), 1597.

7.“你环顾四周……”: Roderick Nash, *Wilderness and the American Mind* (New Haven, CT: Yale University Press, 2014), 42, citing Sidney Smith, *The Settler's New Home; or the Emigrant's Location* (1849).

8.“我的主要目标之一就是……”: Eli Whitney, letter to Oliver Wolcott, cited by Ruth Schwartz Cowan, *A Social History of American Technology* (New York: Oxford University Press, 1997), 7 - 8.

9.“全副武装”: H. Clay Merritt, *The Shadow of a Gun* (Chicago: F.T. Peterson, 1904), 261.

10.“季节性食物”: Thomas F. De Voe, *The Market Assistant* (New York: Hurd and Houghton, 1867), 20.

11.“真正的南方黑人”：Scott Giltner, *Hunting and Fishing in the New South: Black Labor and White Leisure after the Civil War* (Baltimore: Johns Hopkins University Press, 2008), 171, quoting C. W. Boyd in Outing, vol. XIII (1889), 401.

第二部分

欲望的主题

带根茎的林中食物

他们中的猎人——残留种保护区——间谍游戏——古代国王的权力——男人疲惫的眼睛——两只青蛙唱情歌——纽约夜总会——盗猎者监狱——一节无言的课——眺望刚果河——古老的习惯

时值盛夏。我正飞过刚果河流域一片茂密的热带森林上空，单引擎赛斯纳[①]飞机浸没在云层中。飞行员是一位名叫加思（Garth）的新教传教士，当我们爬升的时候，他告诉我他曾经运送过的东西：十四辆自行车、四辆摩托车、七只山羊、无数瓶血液和药品。他的眉毛下垂，看起来像是要逃到嘴边去。我们的下方，河流在森林中缓慢地、如天鹅绒般丝滑地涓涓流淌。

① 赛斯纳（Cessna）：指赛斯纳飞行器公司，成立于1927年。

我到这儿来是为了追踪从刚果民主共和国输送到巴黎街头的野味贸易。近四十年来，刚果盆地的野味消费一直让自然资源保护主义者感到担忧，而且这一问题颇为棘手。当中不仅牵涉军事冲突，而且与轻兵器贩卖纠缠在一起。野味曾是农村穷人维持生计的食物，现在却逐渐成为一种城里人追求的奢侈品。

我们在非洲最大的热带雨林保护区边缘的一片茂盛草地上降落。我走下飞机的舷梯，两手捧满薄皮鳄梨。航线途中一个稍微不那么偏僻的着陆点，我们着陆加油时，我花了几美元买下它们。

那时，我们也接上了一个小男孩，他之前从没离开过自己的村子。男孩穿着一条熨过的蓝色休闲裤和一件白色系扣衬衫，他登机时似乎独自沉浸在恐惧和兴奋之中。当我们爬升时，他撕开了一个白色的圆面包包装，分了我一些。我们嚼着味道寡淡的面包，看着云在我们周围聚集。

我走下飞机，男孩则留在了飞机上。他将和飞行员一起返回首都，只带着一个小行李箱和他无声的勇气。

人群聚集，当无数双手伸过来帮忙卸下邮包和补给时，我也被这群陌生人构成的队伍所包围，并轻而易举地发现了其中有一位猎人。他穿着一件褪色的雷蒙斯乐队周边 T 恤，戴着一顶粗糙但实用的宽边油蜡帆布帽，如同打磨好的皮革一样闪闪发光。他的脖子上系着黑色的绳子，上面挂着一颗豹子牙。但在我有机会完全看清他之前，我和我的所有家当就被一起装上了摩托车的后座，在一片尘土中飞驰而去。

傍晚，我在由国际保护组织提供的住处中安顿下来，该组织隶属于一个规模更大的保护联盟，协助管理邻近的国家公园。猎人顺路过来拜访，并提出带我在村里走走。他帮助另一个与公园守卫和军方合作的保护组织，协调国家公园内的反偷猎巡逻队，同时拥有广博的野味贸易知识。

我们一离开带大门的大院，一群孩子就将我们围了起来。“他们想知道你是不是我的妻子。”猎人一边傻笑一边翻译。他对他们的打趣笑了笑，露出了一口可爱且歪歪扭扭的牙。猎人年纪比我大，个头不比我高多少。他齐肩的卷发是深蜜糖棕色，零星的几根灰发在光下闪闪发光。他的下巴硬朗，但很协调，并不会让人觉得严肃，整个下巴差不多都被胡茬遮住了。他的嘴唇很薄，唇线在嘴唇中央部分上拱，形成两座完美的唇峰，嘴巴周围是深深的笑纹，就像峡谷的峭壁。他的蓝眼睛里有一种善意，也有一些悲伤，但我一开始并没有注意到这点。

这个村庄是一个宏伟的小镇（grand petit ville），几乎称得上是一座大型镇了，有学校也有诊所。我们朝正在进行足球赛的镇中心走去，然后沿着土路离开人群。空气静了下来。在一棵巨大的博孔古之树[①]的树荫下，军人们坐在排成半圆形的塑料椅子上。他们刚刚吃完饭，几个女人在清理席上剩下的食物，她们身姿摇曳，仿佛在水下摇荡。

大路逐渐变成一条蜿蜒曲折、杂草丛生的小径，小径一直延伸至刚果河的一条支流边。悬垂的树叶在河水上投下阴影，靛蓝色的蝴蝶聚集在海岸线上。一艘破旧的货船，平底矩形，斜躺在泥中，像一条搁浅的鲸鱼尸体。这艘船看起来太大了，没办法沿着这条河航行。几条细长的木筏，也叫作独木舟，被拉至船边的沙地上。制作这些独木舟需要挖空一棵树，因为耐腐硬木很坚固，这种船通常可以使用三十年，不过一些船体最大的独木舟已经有近百年的历史，随着时间的推移，木身呈现出灰色。

“这是唯一一条从村子流向外界的河流，也是这里的人们进出的主要途径，所以有时公园守卫会设立河流检查站。”猎人说，“众所周知，象牙走私贩子会把象牙切成六英寸长的碎片，然后把它们安置到独木舟底部的木箱里。因此，当警卫们走过这些独木舟时，他们会拿一根绳子沿着船底刮过去，检查是否有任何违规物品。”

我们回头往山上走了一小段路，就到了猎人的住所——一

① 博孔古之树（bokungu tree）：博孔古为刚果民主共和国地名，作者此处没有指明具体树种。——编注

栋规划凌乱的架高房屋，是保护组织成员的办公室和住所。我们坐在前院手工打磨的木板椅上。

“来，喝一瓶不算太凉的普里默斯（Primus）。”他边说边递给我一大瓶棕色的啤酒，啤酒的标签已经磨损到无法再次使用。猎人在院子的一角建了一个小花园，试图种植足够工作人员吃的食物。我们喝着温热的啤酒，看着鸡在夕阳下抓虫子。

猎人在刚果民主共和国长大，是瑞典传教士的儿子。他的父母身高差异很大，但严厉程度却别无二致。后来，作为一名研究生，他花了数年时间观察野生倭黑猩猩的行为，巨猿们始终性欲旺盛，和我们人类相似。他意识到偷猎者和贩卖野生动物做宠物的商贩对野生动物的威胁，出于紧迫感，他放弃了自己的学术工作。

“大多数人都无法想象保护组织的日常。”他喝了一口啤酒，说道，“他们早上醒来，洗漱，想吃东西。对他们来说，森林是为了生存。你不能饿着肚子去关心如何保护森林。”

他的声音不是特别低沉，但听起来醇厚且带些喉音。

“这里的保护措施可以带来回报，是少数几个正在发展的行业之一，也是生活在偏僻如斯地区的人们能够接触现代世界的少数方式之一。国际保护组织带来了金钱、发电机、摩托车。他们还带来了卫星网络。”

萤火虫一眨一眨，缓缓苏醒，空中荧光闪闪。

“某些时刻，钱能传递很多信息。”他继续说道，“这不再是关于保护动物，而是关于保护组织能做什么，能给村庄带来什么样的物质财富。保护机构带来了对更多物质商品的渴望。”

他转向我，眉头紧锁。“这里太腐败了，到处都腐败。很多钱没有被用在该用的地方。预算金额越大，使用效率越低。”他沮丧地说，“而且，森林里仍然没有动物。每周都有成吨的野味从国家公园被运走。”

“这些野味都被运去哪儿？”我问道。

“很多被运到东部地区了，那里有一些不正规的小型采矿和伐木营地。为伐木而修建的道路，打开了以前不容易到达的森林新区域。这些地方一夜之间涌现出来——人们离开村庄，搬到森林里，需要食物——因此需求非常高。中间商从猎人那里购得野味，然后再以十倍的价格卖给钻石营地。

“但城市里也出现了一个奢侈品市场。”猎人继续说道，“非洲的其他国家已经快吃光本国所有的动物了，所以它们不得不进口野味。在这一点上，我们的国家刚果民主共和国还不至于，一部分原因就是我们有大面积的森林。”

尽管这里的国家公园只是刚果盆地中大片雨林的一小部分，但面积仍然很大，将近八百万英亩，比比利时的面积还大，当中可能包含了全世界倭黑猩猩种群40%的数量。大部分地区相对难以进入，而且并没有足够多的警卫遍布整片地区。猎人一年进行四次巡逻，会进入最偏远的地区。

他指了指脚上那双破旧的查科牌（Chaco）凉鞋。

“这是我在森林里巡逻时最喜欢的鞋子。所有穿着靴子的警卫都认为我穿凉鞋是疯了，因为有蛇。但我发现穿这种鞋子走路轻松得多。”

“在森林里待了这么长时间，你一定见过很多野生动物。”我说。

“事实上，在雨林里很难看到动物。有太多体型小，喜欢独处，夜间活动的动物。它们不断演化，神出鬼没。大多数情况下，我只能看见死去的动物，或是被困在陷阱里等待死亡的动物。”他把啤酒放在泥地上，“这些偷猎行为也会伤害树木，森林的整个生态都发生了变化。”

对于许多树种，特别是那些彼此间隔很远、长势最好的树，动物、鸟类和蝙蝠是主要的种子传播媒介。它们吃树上的坚果或水果，然后把种子带到其他地方，种子在那里长成新的幼苗。或者，它们也可能会把这些食物埋在某处，想着稍后回去拿，结果再也没有回来。有时，动物的毛皮中会夹带一些有黏性的或带钩刺的种子，这些种子就被意外地带至了别处。若是没有这些过程，某些树木便无法繁殖。

特别是非洲森林象，它们大量食用水果，然后随处排泄水果的种子，这有助于增加森林多样性。也有证据表明，大象的进食方式和重踏的走路方式有助于促进生长缓慢的大型硬木森林生长，而这些硬木的含碳量比体型较小的软木更多。大象数量的减少可能会严重影响刚果盆地森林中的碳存贮量。

“科学家们称之为‘空林综合征（Empty Forest Syndrome）’，一片没有音乐的森林。”猎人悲伤地说道。

我们各自沉默。我在想他的生活，一种以狩猎季节来计算时间的生活。我注意到他右眼下方有一道布满麻坑的疤痕，像是一滴落下的眼泪。这是他不平整的面部地形上最精致的制图特征了。

天空暗去，西边的云层中汇聚了一阵剧烈的雷暴。断断续续的闪电下树木若隐若现，犹如幽灵。

“我在这里感觉最自在。”他说，“但我总是格格不入。当我回到瑞典时，我也感觉格格不入。”

“我也有这种感觉。”我说，“这些天来，我似乎很难找到一个感觉像家的地方。这个世界已经变成了一个巨大的购物中心，一切都在被出售，一切都可以观光。在这样的世界里，你要怎么过上真实的生活？甚至真实又意味着什么？”

“在这里，有时是可以真实地生活的。”他回答，“一天里，我最喜欢的时候就是黎明前，夜间活动的动物要睡觉了，而其他动物还没有醒来。森林极其静谧。太神奇了。在森林安静下来之前，你不会注意到它其实有多吵。我会在小火上煮咖啡，当太阳升起，森林又活了过来。这中间的一段时间非常特别。片刻寂静的风景，聆听一天的开始。”

虽然还没有下雨，可风暴越来越大，似乎已乌云罩顶，但只有一阵打探的微风吹过。“森林里仍然有很多魔力，精神领域和日常生活并不可分割。”他说，仿佛在对天空说话。

猎人身上确实有些什么让我忘却了时间的流逝，我们满足于彼此倾听、彼此交谈，不需要其他。河对岸，成熟的雨林正与自身欢爱。

结束很突然。一辆摩托车停在院子里，前照灯像暴力地射穿黑暗。有人来接我回家了。

* * *

一些生活在刚果盆地茂密热带森林中的生物近乎神话。这里有非洲森林水牛、紫羚、猴子（不计其数的品种）和红河猪。还有各种颜色的麂羚，有蓝色的、黑色带条纹的、背部呈黄色的，还有红色的。黑市上可见非洲狭吻鳄、蔗鼠、动胸龟和药用鳞片价值数百万的穿山甲。倭黑猩猩，我们被情欲束缚的亲戚。非洲森林象，因象牙的价值而备受折磨。沼泽中出没的林羚，长着优雅的弯曲的角。难以寻觅的刚果孔雀。皮毛丝滑的小爪水獭。看不见的洞穴鱼。

森林地表的生命种类更为丰富。白蚁生活在巨大的巢穴中，它们的巢就像巨石一样凸出。以尸体为生的腐生性真菌。优雅的行军蚁成群结队地在地面和植被两侧排开，一起前进，捕捉任何穿过它们路径的猎物。有些性情暴躁的蛇非常危险，甚至只是说出它们的名字都会让人害怕。在孩子们耳边提起黑曼巴蛇这个名字，就像在说一个会引发噩梦的鬼故事。

物种是无法单独存活的（虽然物种与物种间并无实际的界限），所以仅仅为每种动物命名是不够的，我们还必须描述这幅自然绒毯上每一条交织的丝线。森林中，几千年前沉淀下来的沉积岩上，覆盖着沙土和一层富含微生物的薄薄腐殖质。生长在这些土壤中的植物所产生的化学物质，被称为次生代谢产物，包括单宁、类黄酮、胡萝卜素、酚酸和生物碱，这些物质具有多种功能。这一系统非常复杂，我们至今没有完全理解。人类长期使用含有次生代谢产物的植物来治疗疾病、调味食品、给布匹染色或保护粮食作物。食用这些植物的动物，也会利用这些化学物质来治疗肠道寄生虫或提高生育能力。它们是赋予野味独特风味的重要组成部分。

刚果盆地的森林生态系统一直在不断变化。它经历了漫长的收缩和扩张周期，每个周期都有新的发展机会。从大约八十万年前开始，该地区经历了反复的干旱期，大约每十万年一次。间或凉爽的气候里，北纬的冰川不断蔓延，热带雨林干涸，并成片消亡。开阔的草原不断向外延展，剩下的森林变成了非草原物种的避难所。当气候变暖，北部冰川萎缩，潮湿的森林再次扩张。这段漫长的碎片化历史造就了地球上生物最丰富多样的地区之一，许多物种只此独有，不存在于别处。

大约一万一千年前，被称为全新世的温暖时期伊始，森林进一步扩张。随着草场衰败，近十五属大型食草动物灭绝。没有这些动物吃掉草原上新长出来的树苗以防止树苗长大，继而帮助维护剩余的广阔草原，森林就会变得更加潮湿、茂密，不过这有利于昆虫、鱼类和一些小型哺乳动物的进化。

林中小溪蜿蜒流过，相遇后合并成小河，而后进一步汇聚成干流。这些蜿蜒的水道把陆地变成了沼泽和湿地。对于一些陆地动物来说，水道是它们行进的障碍。对其他物种来说，比如我们，河流成了一种交通网，可以坐船通过因枝叶太厚而无法徒步穿越的地区。

雨林中的土著群体身形矮小，以狩猎采集为生，通常被称为特瓦人（Twa），但这个名字是外来者强加给不同部落的。这些群体至少从约十万年前的中石器时代起，就生活在刚果盆地。

几千年来，习惯性的土地权决定了哪个部族可以在何时何地狩猎，随着时间和空间的推移，人们形成了半游牧的生活方式。这也是管理猎物的一种方式，可以防止森林任一区域的生物被猎光。人们用长矛或是涂毒的弓箭捕获猎物。狩猎是全年性的活动，雨季猎物最为丰富。雨水淹没低地，动物们涌进高地。旱季河流枯萎，岸边水位下降，浅水区鱼群密布，很容易成为尖矛下的猎物。

当时的人们共享全部生活，吃饭也是，而肉类就是将社会联系在一起的黏合剂，一头非洲森林野牛可以养活整个部族。当时的饮食中富含蛋白质，缺乏碳水化合物。野生肉类大多是瘦肉，油脂丰富的部分因此最为珍贵。人们习惯性地会将某些部位的肉给妇女食用，而族长们通常会分食猎物。

公元前2000年至公元500年，班图人（Bantu people）经过一系列迁徙进入刚果盆地。“班图人”一词是一个通用标签，是指数百个使用班图语的不同族群。他们实行刀耕火种的农业生活：烧毁森林的一部分，然后种植低强度和耐阴的作物，比如油棕、菰和野薯蓣。一段时间后，他们再次焚烧新的区域，而被废弃的旧耕地就会重新长出森林。

有证据表明，班图人对大部分特瓦人或是奴役，或是赶离家园，或是直接杀害。当然，两个部族间也存在广泛的贸易往来，他们会用武器、陶器和农产品来换取熏制的野味。一本有历史意义的参考文献将这种关系描述为一种庇护，通过这种庇护，特瓦族的猎人依附于某个特别强大的班图人，而班图人反过来会因与这个猎人有联系而获得一定威信。

大量部族食用大象，因为它的肉多。有些部族认为，如果不多加小心，巫医会将人的灵魂转移进大象身上，无论生死都会被囚禁在其体内。因此，杀死这样一种动物是一件极其神圣的事。有些部族禁止族人食用倭黑猩猩，因为他们认为倭黑猩猩与他们祖先的灵界有直接联系。这些文化信仰具有生态基础，有助于保护具有复杂社会群体的动物——它们由于生长缓慢而特别容易被过度捕猎。

再也没有像原始热带雨林这样人类未曾涉足的地方了，而且已经很久没有出现这类地方了。即使在古老、成熟的森林地区，与世界上任何一处地方一样遥远、凶险，当中也有失落的人类社会的遗迹：古老的果树仍然硕果累累；椰子树和棕榈树依然在生长，无声地提醒着我们这里以前的居民；土壤中的木炭碎片；墓地、手斧、投掷点和石器的废料，都是过去战斗的回声。即便我们已经忘却，森林仍保存着这些记忆。

*　*　*

弗丘（Virtue）是一名刚果人，拥有美国常春藤盟校的硕士学位，是负责接待我的保护组织的项目负责人。每天早上，他都会饮用装在一个塑料瓶中的深琥珀色饮品，是加了在林中采集到的蜂蜜的茶水。弗丘认为森林里的蜂蜜可以解毒——这是刚果的一种古老疗法，当时刚果的政治对手们经常互相投毒——他既有点偏执，又有着简单的生活习惯。

“你不能像这样晚上待在外面。”弗丘在我拜访猎人的第二天早餐时责备我道，“我们要对你负责。”他无精打采地笑着，然后突然停下来，大口大口地吸入空气，好像他刚刚一直在跑步，需要喘口气。

我们吃完饭，他带我去见村长，阳光下摇摇欲坠的砖房门廊上，村长喝着虎牌啤酒，抽着没有过滤嘴的卷烟。他穿着一件黑色的无袖衬衫，围着一条纱笼[①]一样包裹着他的、印有图案的缠腰布。他长而优雅的手指甲以及光滑的指甲尖端被染成橙色。他的妻子坐在他的身边，戴着头巾，围着布料相同的缠腰布。她看起来对我不感兴趣，也没有和我打招呼。第三把椅子上坐着一位陆军指挥官，他把棕绿相间的袜子拉到了膝盖处。

弗丘的部族说林加拉语（Lingala），是这个语言复杂的国家里使用的主要语言之一。法语是刚果民主共和国的官方语言，但林加拉语是刚果武装部队的主要语言。在欧洲人到来之前，它就已经被广泛使用了；这种语言最初是生活在刚果河沿岸的许多不同部族的贸易语言，但在天主教传教士和比利时殖民政府出于行政目的正式采纳它之后，大规模居民开始使用这种语言。今天，整个中非地区有超过七千万人讲林加拉语。

我进行了自我介绍，然后就静静地看着他们谈话，但不知道他们在说些什么。他们交谈时，一只小橘猫在椅腿间跑来跑

① 纱笼（sarong）：用长条布裹身做成的宽松裙子，在腰部用塞或卷的方法加以固定。

去。等我们准备离开，弗丘转向我，对我微微一笑，然后向我简单解释了一番他们的谈话。“他们想确保我们不是在利用你当间谍。”

*　*　*

如果一个白人杀死了一只野生动物然后吃掉了它，我们会把这件事称作*捕猎*。有时被捕的是肉鹿，也会被叫作鹿、马鹿、驼鹿。如果一个黑人杀死了一只野生动物然后吃掉了它，我们却把这件事称作*盗猎野味*。由于动物的种类太多，无法命名，所以它只能被称为肉或蛋白质。

狩猎是如何变成偷猎，猎物的肉又是如何变成非法野味的？ 这个故事要从古代国王的权力开始说起。

从11世纪开始，欧洲的国王通过最早的森林法来保护他们有权狩猎的动物，忽视或违反这些法律会带来可怕的后果。征服者威廉[①]认为，“杀死一只雄鹿、一只野猪，甚至一只野兔的人，都应该被废去双眼”[1]。到亨利二世统治时期，只有熬过酷刑或是炙铁审判的人，才会被判定无罪。而被定罪的偷猎者，要么被挖去双眼，要么被去势。

这些禁令流传了几个世纪，以各种形式出现在编织的挂毯

① 征服者威廉（William the Conqueror）：即威廉一世（William I），诺曼王朝的首位英格兰国王。

和绘画中，在无数的手册和法律中被提及，彼此渗透，从一任国王传至下一任国王，仿佛它们构成了一本不断演变的书，血液和欲望的回声在时间中回荡。

但对于没有土地的穷人来说，偷猎是对不平等制度的反抗。到了15世纪，随着火器的传播，非法狩猎活动显著增加，而且变得越来越有组织。偷猎者们联合起来，为了争夺最佳狩猎区厮杀，如果猎物管理员真的敢按照国王的法律执法，往往也会明着受到暴力威胁。1417年，英国议会就这些偷猎团伙是否为组织暴动的阴谋分子进行了辩论。森林法越来越与执政党对革命的恐惧交织在一起，他们担心狩猎技能会在普通商人和仆人中滋生混乱，或者反叛者可能会伪装成猎人，因此法律变得更加严格，对偷猎者的惩罚包括驱逐出境或死刑。

法律规定了各式限制难以执行，许多狱警腐败受贿。但是，这些法律无疑使农民的生活变得更加困难。法律不仅是为了保护狩猎动物，也是一种控制社会的形式。随着时间的推移，对森林的极大不信任在普通民众中变得司空见惯。

18世纪，当第一批欧洲传教士抵达刚果盆地的森林地带时，他们一直坚信森林是一个充满敌意和黑暗的地方。为了辩解身为外乡人的这种不安感，他们编纂了许多神话：1776年，法国牧师利文·博纳文图尔·普罗亚尔特（Liévain Bonaventure Proyart）就曾公开宣称，几名传教士发现了一些怪物爪印，爪印直径有一码长。

从1874年开始，以寻找尼罗河源头和发现利文斯敦医生[①]而闻名的威尔士记者亨利·莫顿·斯坦利（Henry Morton Stanley）在刚果的森林中进行了一次彻底的探险，他将这次到访的地区称为“令人窒息的荒野”[2]。回到欧洲后，打算将中非大片地区作为自己私人殖民地的比利时国王利奥波德二世（Leopold II）收买了斯坦利。斯坦利的探险及贸易交易将帮助利奥波德在该地区取得一席之地。

1885年5月，“国际”团体（英国、法国、德国、比利时和意大利）承认利奥波德二世对后来被称为“刚果自由国”的广大地区拥有主权。利奥波德二世划分了他的新领土，并没有考虑已经居住在那里的人之前所做的划分。曾经分散在河岸边的村庄被野蛮地强迁走，村民被集中安置在新修建的道路上。这种强制安置和行动限制，成为控制以前分散的和半游牧的农村人口的关键策略。

出于中立的好奇心以及为殖民权力服务，人们开始用科学的方法论看待这片土地和人民。留着大胡子的欧洲人乘坐蒸汽船进行探险。他们撰写了大量关于水路适航性的报告，并且收集异域植物和动物，贴上标签送回本国的收藏馆。这片地区的

① 利文斯敦医生（Dr. Livingston）：指戴维·利文斯敦（1813—1873），苏格兰医生兼传教士，将一生奉献给了中部非洲的探险事业。—— 编注

许多少数民族群体也受到了类似的待遇；从他们的社会结构到他们的继承习俗，再到他们的外表，所有的一切都被西方人精心记录和分类。

利奥波德二世在大西洋海岸和建有港口的利奥波德维尔地区（Léopoldville），即今金沙萨（Kinshasa）间修建了一条铁路线。为出口资源，一个范围广阔的上游内河河运网建立起来。布鲁塞尔忙于准备农业简报。更多的道路被铺进森林。大片土地被清理成种植咖啡、棉花、橡胶和棕榈油等经济作物的种植园，致使营养丰富的腐殖质土壤薄层遭破坏，它们无法与森林整体分割独存。刚果人在日益恶劣的条件下被迫从事农业劳动和象牙贸易，而不遵守规矩的人会被砍去双手。

1900年，一份最早的国际保护条约被签署：《保护非洲野生动物、鸟类和鱼类公约》（*The Convention for the Preservation of Wild Animals, Birds and Fish in Africa*）。该条约与野生动物的基本内在价值关系不大，主要讨论的是保护非洲景观以供欧洲开发利用。在欧洲，几个世纪以来，森林法一直限制富裕的土地所有者狩猎，因此没有多考虑，他们在非洲同样实行了这些法律。当地居民被告知他们不能像以前那样利用森林了。随着进入森林受到限制，种植农业取代了粮食作物，肉类变得稀缺。刚果人只得以饥荒时吃的根茎、块茎、花生和棕榈油为生，人们开始食用含淀粉的食物，肉比以往任何时候都更能象征权力和力量。而比利时人开始骑马打猎娱乐。

以今天的货币计算，利奥波德二世积累了超过十一亿美元的个人财富。他的统治导致了1885年至1908年一千多万刚果人被屠杀。随着比利时政府打算将该地区转型为模范殖民地，他们开始展望将这片土地当作西方人的新旅游胜地。一些游记将“最黑暗的非洲”重新塑造为“旅行者的快乐狩猎场”[3]。当时，世界上许多国家都在忙着建造国家公园、制定保护计划，自然保护主义者建议建立野生动物保护区，以此吸引愿意花钱的游客。利奥波德的继任者阿尔伯特一世（Albert I）参观了美国西部的国家公园，并于1926年决定在刚果东部也圈定一块类似的保护区，这就是非洲的第一个保护区。1938年和1956年，国王宣布建立更多的保护区。

20世纪50年代，非洲各地开始爆发独立运动，殖民者最担心的问题之一就是随着政府更迭，这些野生动物怎么办。1961年，一场泛非①保护研讨会专门来讨论这一问题，旨在说服新的非洲领导人，野生动物是全人类共享的美好与财富。1965年，刚果民主共和国独立革命后上台的军事独裁者蒙博托·塞塞·塞科（Mobutu Sese Seko）制定了许多荒野保护法，与比利时人制定的法律惊人地相似。他扩大了公园边界，并将国家公

① 泛非（Pan-African）：意为把非洲人作为统一的整体联合起来。——编注

园用作私人狩猎场。

1994年，邻国卢旺达爆发了灭族屠杀，成千上万的居民向西逃离，森林被叛军士兵和武装难民占领，他们劫持人质以确保当地村民为他们提供食物和住所。1996年，刚果民主共和国爆发内战，危机四伏，人民食不果腹，一片绝望。由于饥饿肆虐，以前禁止食用倭黑猩猩的戒律销声匿迹。当地民兵组织躲在森林里，囤积烟熏的野味、象牙和毒品，以换取生活供给和一些小型武器。

在如此暴力的环境中，任何遏制狩猎的努力都是徒劳的。叛变的军事领导人剥夺了国家公园警卫的制服和武器。森林保护措施崩溃。依靠自动步枪捕杀森林动物，使潜在的狩猎回报增加了二十五倍。流动的偷猎团伙在森林深处建立了据点，现金流入偏远地区。这场冲突不可逆转地改变了依靠野生动物开发森林的步伐。

如今，非政府组织（NGO）的保护机构已重新获得这片土地的控制权，他们把发电机和摩托车产生的新噪声，带入了他们担心正在变得寂静的生态系统中。同时，他们认为生活在保护区内或附近的人会扰乱自然秩序，威胁野生动物。

森林中萦绕着许多强权的魂魄。我们不能因为害怕唤醒灵魂，或者冒犯那些保住生命却失去双手的祖先，就对他们缄口不言。

＊　＊　＊

招待我的组织召集了一群当地猎人来和我交流，户外的一栋茅草屋里，十五个人等着我。和我聊会儿天，他们就可以得到五千刚果法郎（约合三美元）的报酬。对一部分人来说，这是笔快钱；对于另一部分，意味着他们将不得不坐在那儿等一天，直到谈话轮到自己。无论属于哪种，在这样一个很少有有偿工作的地方，现金都是受欢迎的。

大多数人从与国家公园接壤的村庄步行来到这里。近十八万人居住在森林保护区内或附近的七百一十六个村庄和四个城镇内。有两个部族完全或部分居住在国家公园的范围内：开塔瓦拉教徒（Kitawalist，一个宗教派别）和黎雅尔利马人（Iyaelima，一个以狩猎采集为生的半游牧部落）——他们之所以可以住在国家公园内，是因为在法律上他们被定义为“野生动物”。

虽然猎杀和食用野味可以在许多方面定义为合法行为，但也有部分非法情况。最复杂的问题之一，就是每个省都有自己的狩猎法。这些不协调的法律框架与长期存在的土地使用习惯法相结合，缔造了一系列复杂的法规。许多狩猎法是殖民时期遗物，所有猎人都需要持有狩猎许可——尽管他们中很少有人真的持有。在没有许可的情况下，反季节捕猎或是私藏枪支都是违法的。受《濒危野生动植物种国际贸易公约》（CITES）保护的动物，如黑猩猩、大猩猩、倭黑猩猩和大象，虽然黑市上它们的卖价最高，但猎人依然不能捕猎这些动物。

虽然政府严厉禁止在国家公园内狩猎，但住在公园边界的一些村民可以进入连廊地带。这片区域内大部分是混合种植林或次生林，就是指老树被砍伐后重新长出的森林。在古老的成熟林里，茂密的树冠遮蔽了小灌木丛，大象等大型动物开辟出了小径，与成熟林不同，次生林中很难行进。村中的猎人们沿着多年来在植被中开凿的狭窄道路前进，或者从几乎无法穿行的灌木丛中砍出一条路。

森林里的猎人们会设置陷阱：挖一个小洞，然后给登山杖套上一圈自行车绳或尼龙绳，最后用树叶盖住，他们用这种方法来捕捉中小型的哺乳动物，如麂羚和蔗鼠。陷阱通常会被设在已知的动物迁入的地方。当动物跌跌撞撞地掉进洞里，它要么是腿被绳索套住，要么是脖子被套住。这些陷阱或许会造成浪费，猎人可能不会在一两周内返回，许多动物在此期间死去，它们的肉也不能再食用。

尽管人们确实会在连廊森林地区采集可食用的昆虫、野生蜂蜜和药用植物，但这里几乎没有大型猎物，就算有也极少。要想猎到大型猎物，村民们要去国家公园里。对他们来说，这种行为并不违法，因为这些森林是他们祖先的家园。

男人们年龄各不相同，穿着也各不相同，大多数人似乎为我穿上了最好的衣服。和我讲话时，他们都站着。我的翻译是一位名叫布雷兹（Blaze）的语言老师，他戴着一支计算器手表。

我采访这些人时消息传开了，更多的人过来想要和我聊聊。他们中的大多数从小就开始打猎。大部分人没有枪，但他们会向村里人借一支带着酒味的宽口径枪——一支铅径十二的霰弹枪，作为交换，他们需要把一份猎获送给借枪人。枪支装填的弹药是“cartouche 00”，是从每年都会来村庄几次的城里商人手中买来的。

杀死动物后，猎人不会剥皮，但会将其开膛破肚，并用两根树枝交叉做成支架撑开动物的肋脊。赤道地区雨林中的鲜肉会快速腐烂，所以要热熏数小时，肉的表面会逐渐形成一层厚厚的硬壳。高湿度的森林使得每隔四到五天就要用小火重新烘烤一次肉成为必要。文火慢烤保证了它和番茄、香料最终一起炖煮时，肉质依然鲜美细嫩，入口即化。

用这种方式熏制的猎物通常被称为熏肉（boucané）。这是个法语词，来源于加勒比地区泰诺语（Taíno）中的“buccan”一词，原指一种用于慢烹饪和保存肉类的木制架子。法国的私掠船不再攻击西班牙的贸易船，转而猎捕数量极多的海龟和野猪，然后使用当地人的方法将肉熏制。这些肉像珍宝一样被储存在船舱内，法国人因此被视作海盗（boucaniers）。牙买加的英国殖民者认定这些人就是海盗。

猎人们说话轻声细语。他们的脸庞精致而美丽。一个男人和我说着话，突然抽搐起来。我写下布雷兹为我翻译的内容。*野味的价格在上涨*。一名男子穿着哈雷戴维森牌的系扣衬衫。*我不再常见到大象或森林水牛了*。另一名男子穿着正装的鞋子和裤子，与一件印着棕榈树、帆船和沉入大海的太阳的T恤形成对比。当他说话时，他的金链子和金表闪闪发光。*我杀过猴子、老鼠和羚羊*。

如果一个村里的猎人成功捕杀了猎物，偶尔他会把猎物送给家人或其他村里人，但猎人通常会把肉储存起来，直到商人来到镇上。这些商人（commerçants）从遥远的大城市来到乡下，他们有时会逗留几周，为最好的猎物讨价还价。有时村子里的人正好有他的亲戚，那他就相当于回了家。

村民们用野味交换肥皂、盐、杯子、衣服、香烟和子弹。如果村里的猎人碰巧卖了猎物拿到了现金，这些钱会被用来支付学费和住院费，还会把没人买的、剩下的部位带给家人。一位身穿大号棕色衬衫的牧师告诉我，*人们正在受苦，所以他们会猎杀更多动物。狩猎并不会带来真正的好处，这只是维持生计的一种方式。我们没有其他选择了*。

一名男子是开塔瓦拉教徒的一员，他穿得一身白，脚踏耐克人字拖，脖子上挂着一张宗教领袖的照片。他说，他小时候，村里有一两个猎人。但随着市场需求的增加，现在每个男孩都成了猎人。另一名男子穿着预先裁剪做旧的时髦牛仔裤，和边缘带刺绣的绿色衬衫。*这些动物不会因为过度狩猎而灭绝——它们总在繁殖*。*只是森林里的猎人太多了，动物们都被吓跑了*。

一个穿着足球衣和绿色裤子的猎人告诉我，*我们的森林里是有战争的*。有时是在当地男人们之间，但通常是和来自其他地方的陌生人，包括移民、难民和走私者、临时的伐木工人和失业的矿工。最暴力的外来者是为了市场而打猎的猎人，他们是组织严密的偷猎者团体，人手 AK-47。

尽管村里的猎人会在森林里待几天才回家，但他们只带自己拎得动的动物回去，而为了市场打猎的猎人则在森林深处建立了营地。他们射杀整群猴子和成群的野猪，熏肉被堆放在由细长弯曲的树苗制成的大篮子里。然后，搬运工负责背着重物，步行到林中更平坦易行的地方。作为报酬，每搬运五只猴子他就能得到一只。

如果能找到一条合适的河流，猎人会将猎物装载到独木舟上。否则，猎人就要把猎物放在改装后的自行车（座椅、链条和踏板都被卸下，从车把手到车筐都系上了绳子）上保持平衡，然后推着车走几英里印着车辙的单向土路，还要走过独木桥。偷猎者要推着这些自行车（有时重达一百多磅）走五百英里，耗时两到三周。

一个将老视镜架在鼻尖的男人告诉我：*在军队到来之前，这里有很多动物和肉*。21世纪初，非政府组织的国际保护组织到来之前，国家公园的警卫无法固定领取工资。他们可能几个月没有薪水，为了赚钱，他们可能会打猎，或是从偷猎者那里收受贿赂，或者让他们在村庄里的朋友打猎，好换取一些野肉作为报酬。

直到21世纪初的后几年，仍有反叛分子藏匿在国家公园的大片地区，挟持当地人，勒索和折磨他们，没收货物、囤积武器，并通过贩卖野味和象牙资助反政府活动。2010年，一个非法军事组织离开了森林，接管了姆班达卡（Mbandaka）。我们很难知道他们的弹药是从哪里来的，但他们极有可能是得到了叛军的帮助，或是愿意另眼相看他们的公园管理员的帮助。

为了解决这一问题并防止未来的暴动，刚果总统启动了“倭黑猩猩项目”，委托刚果国民军（FARDC）的三百名成员担任生态卫士，负责巡逻森林保护区，收缴非法武器，逮捕偷猎嫌疑人。自那时起，军方已经没收了数千磅肉，以及一百二十多支威力极大的枪支，包括突击步枪。数十名涉嫌的偷猎者已被逮捕。自军队到来，与大象相关的物品的总销售量似乎显著增加，那或许只是猎人们转移到了警察较少的地方去打猎。

刚果国民军的军事力量使为了市场和为了生计而打猎的猎人陷入困境，尽管两者对野生动物的影响截然不同。士兵们征用了村里的猎枪，因为大多数人没有合法持有猎枪的许可。他们任意开出高额罚款，也有士兵被指控强奸、严刑逼供和谋杀。野味曾露天贩卖，现在却不再那么容易买到了，购买和出售野味都需要对暗号。为了警视全员，军方用一把大火焚烧了没收来的肉类，人们只能饿着肚子睡觉。

我采访的每一位乡村猎人都告诉我，保护是件好事。但当保护组织付钱给他们和我聊天时，他们还能说些别的什么吗？这些人真的只是为了生存而打猎的猎人吗，还是他们其实也是大规模为市场而狩猎的猎人之一？我透过层层欺骗和误解，试图找出真相。当我们交谈时，这些文字仿佛实体化了，飘浮在我们之间的空气中，变成铁蓝色的字幕，飘浮在棕榈叶搭成的棚顶上，然后溶解成一缕烟雾。我们未曾听到彼此真实的只言片语。

“这些人从小就吃野味，他们只有这些。”我的翻译布雷兹说，“现在他们吃家禽肉更多，一般是自己饲养的猪和鸡。虽然他们更喜欢吃野味，但既然这已经不可能了，他们就想要家畜，就像想要银行里的钱。也许自然保护主义者可以分给他们一些？又或者他们可以给自己提供公园看守的工作呢？”

这些人的疲惫双眼在向我乞求，*请帮帮我们*。因为我皮肤白皙，来去自如。*请帮帮我们*。他们相信我有这种力量。也许我有，但在午后令人萎靡的阳光下，我觉得自己只是历史的走卒，就像这些人对自己的命运感到无能为力一样。*人们总是担心事态会一落千丈*。

最后的猎人已经离开了。一个身材矮小的男人站在我刚刚进行采访的木桌旁。夕阳透过高高的小窗户，在刷白的泥墙上投下水中的倒影。他正在用殖民时期那种老旧的铸铁熨斗给弗丘熨一件衬衫，熨斗的肚子里装满了灼热的煤块。他做事缓慢而专注。他背对着我，一边抚平褶皱，一边轻声哼一首歌。他没有注意到我在看他。有那么一刻，我们在对方眼里是隐形的。

* * *

那天晚上，我一个人待在院内。我想去猎人家，和他聊聊我花了一整天时间采访的男人们，但他们不允许我在没有人陪同的情况下走出围墙。我的性别和我作为外国人的身份让我有种被监禁的感觉，让我体验到了少有经历的沮丧。不过我的确得被看守着，无论是因为我可能要做的事情，还是因为他们可能要对我做的事情。

我听到福音圣歌从村庄的某处飘过夜空。在这些看不见的轻柔和谐旋律中，鼓声像是一阵火花。我走到后院，一棵高耸如仙人掌般的树优雅地抚摸着新月，两只青蛙在潮湿的角落里唱着情歌。空气中有一种我从未料到会在赤道地区体味的寒冷。

第二天早上，猎人来找我。我们像两个夜间活动的动物，在明媚的阳光下看到彼此便会大吃一惊。

“我昨晚很想见你。”我说。

“我想过要来的。”他回答。

我刚认识他两天，就已经感觉被深深吸引了。我被一种内在的冲动，一种我无法用理性思维抑制的本能欲望，一种对某种程度自由的追求吸引着向他靠去。与其说这是一种强烈的吸引力，不如说它是一种深深的熟悉感。如同寻宝一样，他似乎在我的生命中一直以细小的线索形式出没：一个陌生人的微笑，一位曾经的爱人的亲吻，一个梦中模糊的角色，一个微风拂面、感觉一切都是永恒的春天。每一次零散地揭露一点，加在一起反映出他未来的完整模样。仿佛我们过去一直相伴着。

在接下来的日子里，他越来越常伴我身旁。不可避免的。

* * *

即使是在雨林中，也会有某种只在日落后才可能出现的放肆行为。一天晚上，我和猎人以及弗丘沿着一条沙地小路走到村里的夜店——随着村里军人数量增加出现的新产物。这个村庄是最近才发展起来的，保护组织的涌入创造了许多新的工作岗位，其中大部分岗位是提供给男性的，但也有少数女性担任公园守卫。

用棕榈叶和茅草做成的墙围着泥土小院，墙上挂着彩灯。

一个迪厅闪光球将光束投射到哪儿，那儿就是舞池区域。另一堵棕榈茅草墙后面隐藏着一台大型的柴油发电机，它的声音几乎和靠它发电才播放出来的刚果流行音乐中的鼓声一样响亮。

我们和两名军队的生态卫士坐在一张简单的木桌旁。雅克上尉个子矮小，睫毛很长，面带和蔼的微笑。相比之下，队长高大英俊，在他如男孩一般的自信心之下，又有着强大的自持力，仿佛他既享受了作为母亲最爱的儿子的特权，也要为此担起责任。

他们两人都没有穿制服。一些级别较低的警卫穿着军装站在夜店周围，身上别着装饰品，一些人背上挂着突击步枪。

“这儿就像纽约一样！”雅克上尉对我说道，他的长睫毛扑闪着，笑容甜美。我们因这句荒唐话哄笑起来。空气柔和又潮湿。

弗丘给每个人拿来了啤酒，并在我们面前打开，这可能是刚果的习俗，也可能是弗丘的偏执症，所以可以肯定的是这些饮料没有被下毒或是掺假。

“十五年前这里没有啤酒，只有当地制造的棕榈酒。”猎人说着，喝了一口他的普里默斯啤酒。

“是的，是的，我们正在成长。”弗丘回答。

“那么，我想我们做得不好。”猎人嘲弄地回答，“以前这里有很多大象，甚至是稀有的白象。现在我们有……啤酒。”

弗丘对我说："你来这儿的时间点很有意思，恰逢野味向奢侈品市场过渡。当然，不是所有的刚果人都吃野味。在这儿，刚果西部，人们都吃肉，因为他们的祖先是森林里的猎人。我来自刚果民主共和国东部，在传统意义上，我们不打猎。我们那儿吃鱼。"

"我想从政。"他继续说道，眼睛微微瞪大，"我父亲是一名教师，但我有更大的抱负。现在有十六人在这里为我们的组织工作，我想把它扩充到二十八人，最后开一个国家办事处。刚果自然保护研究所（ICCN: L'Institut Congolais pour la Conservation de la Nature）的现任负责人能力不够。"

"去年，刚果领导人试图从法律上禁止一切形式的捕猎活动。"猎人插话道，"但刚果自然保护研究所的前局长是一个十足的猎人，这个想法破灭了。"

"倒霉透了。"弗丘说道，"国家公园警卫的工资很少，而且经常不按时发放。"

"军队生态卫士的工资也没有高到哪里去，但至少他们的工资按时发放。"猎人说，"相比公园守卫，他们更训练有素，但守卫可以搜捕军队中人偷猎猎物。因此，这两个团体之间的关系肯定有点儿紧张。"

"是的，有传言说军方其实积极参与了野味交易。"弗丘试探性地说，"但他们支持现任总统，从政治角度来说，总统没有办法真正地打击盗猎行为。”

“木材和象牙也是如此。”猎人回答，“将军们和叛军组织会保护那些非法开采资源的人，你很难去切断这些收受贿赂的网络。两年前，这里的军事行动负责人走私了大批机枪，甚至炸毁了一个弹药储存库来藏匿这些枪支。国家是这里的终极捕食者，而且已经存在了很长时间。”

猎人喝了一口啤酒，继续说道：“独裁者蒙博托掌权的时候我还是个孩子。我记得他有次演讲时说，‘你拿一些再留一些’。他很明确地表示了腐败不是道德问题，贿赂只是另一种分配金钱的方式。同时，你所能做得最糟糕的事情，就是妨碍他人的获利。结果就是，一切都变成了交易，这里的一切都可以商量。”

猎人看着我，我对我们之间无声的交流感到有些惊讶。

“我记得蒙博托刚上台时，没有人把钱放在银行里。”他说道，注意力转向了弗丘，“所以他把所有纸币的颜色都改了，蓝的改成了绿的，绿的变成了蓝的，然后要求每个人都去银行把旧纸币换掉。我父亲安排了一架传教的飞机，把现金空运到金沙萨。你是不知道这些老教皇在他们的小屋和床垫下藏了多少钱，多到吓人！在一些偏远的地区，换钱这一来一回要花一年半的时间，其间，蒙博托掌握了足够多的现金，他可以控制这些钱的价值。他真正地创造了至今仍存的这种道德观：如果你不抓住机会，你就是个白痴。”

男人们继续他们的谈话。我想他们是为了让我了解才说了有关偷猎的情况，但在说话的时候，他们互相插话，与其说是一场辩论，不如说是打断彼此的两个话题同时并行，男人们轮流发言，好像晚上结束时会颁奖一样。

彩色的灯光流转。队长站在一个黑暗的角落里，面前是一个穿着短裙的女人。我喝着温热的啤酒。我想到的是狮子，它们是推动生态系统向前发展的剥削者，为了帮助猎物避开自己的利爪，推动猎物变得更强、更快、更机敏。

*　*　*

这里的悲剧并不罕见。许多层面的暴力都与这些森林有关，而被认为是二等公民的妇女，也经历了不公平的分配。她们的躯体不断受到家庭暴力、叛军动乱和内战的伤害，我到处都能看到这种伤害的隐秘证据。就像是给保护组织做饭的厨娘的乌黑眼圈，她试图抹上紫色的眼影来掩饰。这些女人的命运就是这片森林的命运。她们的托词因诸多困苦而更显窘迫。

有一天，我探访了两名因私藏大象肉而被抓的囚犯。他们被安置在一个临时军事监狱里，一堆乱糟糟的木头被扔到了士兵住的军营旁边的一个窝棚里。正午的烈日下，身穿绿色制服、手持枪支的警卫们站在周围。

这些人声称大象是在林中自然死亡的，他们只是帮村长熏制、运送象肉，村长出于感谢送了他们一些象肉做礼物。偷猎者们面有愠色，衣衫不整。他们毫无希望地盯着我。

熏烤后的大象肉被放在一张沾满油污的木桌上，是四个疙疙瘩瘩的块状物，像是琥珀化石，布满了肌肉剥落后裂开的条纹。很难想象，这些有一层褐色厚壳的肉曾经是一头大象。队长站在它旁边，好像它是一座奖杯，他的嘴角弯曲成了一个难以捉摸的微笑。

第二天晚上，猎人和我再次回到这个军营，观看卫星转播的世界杯。男人们围着一台小电视，头顶是一个光秃秃的灯泡。他们的脸因强光而扭曲。在那片绿色的小球场上，球员们看起来像蚂蚁一样。我想知道囚犯们是否仍然坐在外面的茅草监狱里，不知道他们渴不渴。

第二天早上，我在我的靴子里发现了一只和沙土同色的小蝎子。它表皮纤薄，呈半透明状，发出明显而险恶的威胁，但是它太小了，甚至无法令人害怕。

* * *

据推测，无国界医生（MSF，Médecins Sans Frontières）的一架飞机将于今天上午在这里做短暂停留，他们给我留了个位置。我要在金沙萨继续有关城市市场的研究，却没有计划返回首都金沙萨的直飞航班，我不得不在位于刚果河畔的中型港口城市姆班达卡停留几天。弗丘也将返回金沙萨，并与我同行。

我坐在机场边缘的三个小男孩身边等飞机。他们正把一种棕榈状植物厚厚的外茎剥成长条，然后把娇嫩、雪白的果心堆放在两片大叶子上。他们没有说话，却给我上了一课。他们似乎不介意自己的目标，动手的时候咯咯地笑着。偶尔，他们中的一个人也会一口吞掉他们本打算收集起来的甜食，而另外两个人也只是笑笑，不会阻止。

猎人骑着摩托车呼啸而来，在他无时不戴的油蜡帆布帽下，狂野的头发在他身后飘扬。他背上挂着一个军绿色的行李袋，胸前背着一个破旧的灰色北极狐牌背包，脖子上挂着一个相机，一把装在皮鞘中的大猎刀只用了一根简单的棕色腰带系在腰上。

我没有意识到他也要回金沙萨。我甚至不知道该有什么感觉。他身上有些令人陶醉的东西，即使这些动词并不完全吸引人。他让我有点害怕。一个年轻的女人在闷热的异国他乡爱上了一个年长的男人，多么老套。但我对自己笑了笑，他的存在令我感到一种恶质的快意。

没有实际的时间表，这架飞机原定于半小时前抵达。这里的一切都是相对的——看情况而定，视情况而定（ça dépend, ça dépend）——取决于其他因素。如果有飞机抵达，那飞行时间不到一小时；如果我像大多数人一样划独木舟回金沙萨，则需要三天。

我们身下的蜿蜒小溪慢悠悠地穿过茂密的森林，与较大支流汇合后变宽，穿过沼泽地，流经建在木桩上的泛洪区小村庄。然后，这条支流到达世界上最深的水道，当地人称之为“那条河”（Le Fleuve）—— 多简单，就叫那条河（The River）。

在姆班达卡机场，我们雇了几辆摩托出租车载我们去市中心。我坐在一辆车的后座，猎人坐在我身后。当司机加速时，我们互相撞挤着保持平衡。这是我们的第一次肢体接触。他的胸部靠在我的背上，很暖和。柔和的风吹在我耳边。

当我们绕过一个宽阔的环岛时，他告诉我他在尼泊尔和印度的徒步旅行；当我们加快速度穿过平坦的田野时，他告诉我他在高山上花了几个星期帮助农民种植作物；当我们颠簸着进入街道狭窄、木屋林立的小镇时，他说起晚上睡在石屋的地板上；当我们一个急转驶进当晚下榻的宾馆庭院时，我们的身体再次碰撞在一起，才保持住摩托车的平衡。

我们住在一个殖民时期由修女经营的修道院里。下午晚些时候，我们在各自的房间安顿好，猎人和我走进了一家可以俯瞰刚果河的酒馆去喝一杯。我们坐在屋外印满车辙的混凝土平台上，面朝河水。钢筋从只完成了一半的柱子上伸出来，在灰色的天空映衬下呈现出鲜明的轮廓。等到有足够多的客人支付建造费用，这块平台才会在不知道什么时候的未来完工。

我们的下方是十几艘大型独木舟，每艘长二十英尺，宽三英尺，系在岸边。人们正忙着装卸船只，他们走过船与船之间搭着的木板。同时进行着的劳动变成了有关颜色和图案的模糊记忆。穿着红色和橙色T恤的人扛着黄褐色的海绵橡胶卷和绑成长管的床垫，把它们堆放在一起，旁边是被硬纸盒和大米塞得满满当当的白色编织袋，木质的碗和成捆用来蒸食物的新鲜树叶，以及手工制作的捕鱼网，里面还有在干燥的空气里嘴巴一张一合、不断扑腾的鱼。人们站在岸边，头上顶着盛放了一袋袋红花生和一卷卷木薯面包的金属大托盘。一个女人坐在一群孩子的中间，正给一个女孩编辫子。一个戴着芥末黄的头巾的女人弯下腰。两个男人靠在竹栅栏上。一个男人手里拿着一张纸，笑得前仰后合。附近，一个妇人背着一个婴儿在走路，婴儿的裹布鲜艳明亮，那是个男孩子的小脑瓜。他枕着裹布睡觉，黑色的头发在昏暗的光线下有些暗淡。

“过去，运输货物没有这么困难和昂贵。”猎人说，他注意到我被下面的场景迷住了，“刚果以前的工作和生活很不错。蒙博托时代，道路得到了很好的维护。当时还有一个由国家管理的渡轮系统，用来载人载车渡过主要的河流。但在20世纪90年代的内战之后，一切都变了，当时整个经济都崩溃了。没汽油，道路和桥梁纷纷倒塌，许多渡轮被摧毁或是被扔在某处锈蚀。如今，过河的唯一方法就是划独木舟，这样一来自行车、摩托车和行人就没有办法渡河了。”

两个人站在一艘小独木舟里，用黑木制成的细长雕花木桨在两条大船之间快速划动前行。

“我有一次在森林很深、很深的地方巡逻，遇到了一个偷猎者，他是20世纪70年代金沙萨的一位银行家。他以前每天都坐公交车上班。30年后，他试图在丛林中捉老鼠来生存。”他摇着头说，“刚果民主共和国有时被称为地球上最富裕却也最贫穷的国家。森林和矿山中有那么多财富，但都集中在少数人手中，人民仍然贫穷。那么多人过着勉强糊口的日子。物品没有‘已售’一说。只要还有利可图，无论利益增长多小，物品就会被一次次卖掉再转卖。不过，‘非正式’这个表达有些用词不当。这里的贸易网是极有组织的，尤其是野味的贸易网。”

一艘巨大的平底钢质驳船正缓缓顺流而下。很难弄清楚这艘船到底有多大。这段河宽如三角洲，而这艘船就在水流最湍急的河中心不远处。它看起来像一个嘉年华营地，上面挂着织物帐篷、彩色防水布和条纹雨伞。一群乘客站在一堆货物上，高过其他乘客的头顶，观察着下面的热闹景象。

“这些船就像是漂浮的村庄。人们在船上生活、死去。结婚，生子。一段时间后，住在这些船上的人甚至开始像河流一样思考。”猎人解释道，“他们非常有头脑，无论在上游还是下游都能一路卖出东西。他们带着工艺制成品去上游地区，比如塑料制品、剃须刀片、编发用品、子弹和衣服，然后带着林产品返航，比如毛虫和蛆、咸鱼、裹着粗麻布的木炭捆，以及成篮的烟熏野味。他们也会运些活物。说白了，他们是用工业产物交换自然产物，他们把城市带去了乡村，然后转身把乡村带回下游。”

他转向我。

“贫穷使你垂涎文明的产物。而满足了自身需求后，富足的人便渴望自然产物。”他傻傻地笑了笑，好像因为他刚刚总结了我的研究，我就真的没什么必要继续研究下去了，所以我们不妨谈谈别的事情。

“相当真实。”我笑了，“这就是我对野生食物感兴趣的地方。吃野味是一种怀旧行为，怀念过去自然的富足和物质的匮乏。我们想重新体验一个时代，今不同昔，那个时代的人类以其他方式生存，但我们拥有随时逃回驯化文明舒适环境的权利。”

“过去似乎总是比现在简单。”他回答。

“这就是它的魅力。”我盯着水说，“但过去的人和我们一样，必须去和未知做斗争。”

我们俩陷入沉默，继续看着下面的人。当夜晚的灯光在水面上投射出千变万化的阴影时，面前的场景变成了一幅错视画，会诱使眼睛看到一些不存在的东西。灯光将焦点压至地平线，直到目光所及都成为平面图。有关图案和颜色的模糊记忆因为悲伤和失落感而变成金色。

猎人再次向我转过身来，带着一种欢喜的欣赏，仿佛他看到了一个惊喜。他感谢此刻我真的坐在他旁边。然后他的脸上闪过一丝疑惑，仿佛在质疑他是否不仅仅是我探索之物的一个来源，一种信息渠道，一段我稍后会写的经历。

他的表情有些脆弱，我突然有种想要吻他的冲动。可我并没有这么做，我看着他那双怀疑的眼睛，用我的眼睛打消他的疑虑；即使多年后我写下这一刻，它仍像是我们正在共享的巨大现实中的一部小说片段，漂浮于可爱的河面，拥有一段由我们共同创造却转瞬即逝的经历。

* * *

第二天，猎人和我走到河岸边的食品批发市场。“我们走吧！”被称为“toplka”的摩的从我们身边疾驰而过，穿着考究的男女侧坐在绑了彩色针织坐垫的后座上。

许多商人会在这里购买野味，然后用名为“baleinières”（捕鲸船）的木质货船顺流而下运走。他们运送的货物在金沙萨必须卖个好价钱，才能为这段漫长而艰苦的旅行以及众多的中间商找到这么做的理由。就烟熏野味而言，金沙萨的价格是其产地村庄的四到五倍，是一种价值极高的产品，因为它相对体积小且重量轻，不会像蔬菜一样迅速腐烂。

尽管如此，大量的野味会在运输过程中变臭。人们越来越多选择避开河流运输网，用飞机运送货物。出售野味的餐馆通常会有一位供货人，即一位采购员，在这里定期采购肉类，然后用货船或客运飞机把肉送出去。从姆班达卡飞往金沙萨的商业客运航班上，经常散发着非常明显的野味和鱼的气味。

在主要的港口市场，一只焦糖色的野生假面野猪崽在塑料桶里休息。它的小腿和脚被绑在一起。就像顾客认为的一样，它不太开心，呼吸也很浅。我们走过一个女人身旁，她正把一只活穿山甲绑在一根圆形的栖木上。她旁边的女人正在叫卖短肢猴一家，它们已经死了，也被熏烤过了，变形的尸体被钉在一个精致的十字架上。

“熏烤后的猴子通常只能通过爪子来辨认。”猎人蹲下来检查这些肉时说道，“你可以根据野味市场上出售的物种来判断森林的健康状况。例如，红疣猴是最早被市场猎人猎杀的物种之一，所以当你在市场上看到很多红疣猴时，你就知道它们来自一个相对完整且健康的森林，也就是那些曾经被定期巡逻的国家公园或保护区。”

他拿起一块被熏烤的羚羊肉：“你可以通过按压的方式来检测这块野味放了多久。如果它又硬又干，那就可能放了几个月了。”

男人们卸下一箱箱经过熏烤的猎物。我们看到巨蜥、侧颈龟和成堆的河鱼。一条活的尼罗鳄被绑在摩托车的后面，它的嘴被粗麻绳捆起来了。一名穿着绿色人字拖和印有“中央密歇根大学足球赛冠军”字样T恤的男子，背着一对刚刚被宰杀的猴子，灰色的毛皮上还有锈红色的痕迹。它们的长尾巴被绑在脖子上，形成了一个把手。他走过市场的时候，一只手拎着这两只猴子，另一只手握着手机。猴子的胳膊、腿、手和脚悬垂下来，在空中微微摆动。

下午，我们回到使团的小旅馆，猎人邀请我去他的房间。蚊帐像蛛丝一般挂在一张单人床上。它的上方，一个粗陋的木质十字架被钉在斑驳的、淡蓝色的墙壁上。一股灰黄的微风，温暖而黏腻，无一丝凉意，缓缓穿过敞开的窗户，轻柔地抚摸着薄薄的棉布窗帘。

因为房间里没有椅子，我们并排坐在床上，我好奇我们是不是要继续讨论野味贸易。但我能感受到我们之间有一种难以控制的吸引力，这让我瞬间有些局促。爱上我的研究线人是明智的吗？要对这个丛林里的男人敞开心扉吗？

猎人吻了我。在他的房间外，安静的黑人修女们遵循着古老的习惯，穿行于有顶棚的阳台下，盆栽的远洋植物悬挂在雕花的木质屋檐上，我是一根洪水中被折弯的树枝。

突然，有人敲门。我们像两只被手电筒照住的动物一般一动不动。又一次敲门声，这一次的声音更加坚决。我爬起来，试图躲起来。但弗丘未经我们允许打开了门，正在往里窥探。

“我在找我的手机充电器。”他以某种借口说道。我说不清楚他眼中的表情是因为尴尬，还是因为在这里抓住我的残忍的喜悦。

猎人非常愤怒和担忧，可房间很快再次陷入黑暗，陷入即将逝去的下午那蓝绿色的光芒中。

一到金沙萨，我就搬去和猎人住了。不可避免的。

注释：

1. “杀死一只雄鹿……”：James B. Whisker, *Hunting in the Western Tradition* (Lewiston, NY: Edwin Mellen Press, 1999), 50, citing William the Conqueror.
2. “令人窒息的荒野”：H.M. Stanley, *In Darkest Africa*, vol. 1 (1890).
3. “旅行者的快乐狩猎场”：Dugald Campbell, *Wanderings in Central Africa: The Experiences & Adventures of a Lifetime of Pioneering & Exploration* (1929), 143-44.

羚羊的番茄风味炖煮

“贝勒维度假村”——改变的口味——疟疾——真实的女性——潜近摊位——活生生的港口市场——母亲和姐妹——周五的夜晚——局外人的偏执——怀旧是一只狡猾的野兽——必要的悲观主义——权力的象征——恐怖——食在过去

我和猎人在金沙萨名为“贝勒维度假村（Bel Vue Res）”的复合型住宅区待了将近一周。我们住进了他身处国外的同事的公寓里，每天晚上，我们都被她的东西包围着入睡。盥洗用品挤满了浴室的台面，衣服挤爆了衣橱门。床头柜上摆放着她的木雕艺术品，床头挂着印有彩色几何迷宫的蜡布挂毯。

与任何美国郊区一样，贝勒维有一百零一套住宅，刷着寻常的淡雅颜色，有一个配有汗蒸房和桑拿室的体育中心，两个游泳池，一间餐厅，一间酒吧和一间水烟馆。下午，身穿蓝色连体裤，脚蹬艳俗的黄色胶靴的清洁工们在人行道上清扫。他们把跟自己靴子一样蜡黄的落叶清扫一空，不待其枯萎。墙外是一群为生活挣扎的无名者，开车横冲直撞。地衣铺满了人行道，街道岔路上畸形地挤满了人，混凝土打造的城市景象因这么多鲜明的欲望而变得波澜壮阔且充满生机。围墙内部的刚果经过精心养护，自然全然可控。

门口的警卫抱怨他们的工资不高，但在一个薪水不规律是常态的城市里，至少算一份固定收入。一个月一百美金，相当于教师或警察的平均工资，而他们的工资永远无法保证。午餐时，守卫们吃着厚厚的烟熏猪肉，肉略带些红色，点缀着绿色的香草，上面撒着“劈里啪啦”调味粉——一种混合了磨碎的辣椒和盐的橙色调味粉。这是一顿不到一美元的便餐，从一个在城里到处兜售便餐的女人那里买来。如果他们有钱的话，他们会吃野味，但野味的价格是便餐的六倍。更何况，已经没有人在城里到处兜售野味了。

住在贝勒维的居民为联合国、非政府组织、钻石矿、资源公司、银行和慈善组织工作。他们是中国的建筑业老板、黎巴嫩的洗钱者、外国外交官和刚果的部长们，还有无聊的家庭主妇和会起内讧的孩子。这是一场各国的游行。他们开着或是闪亮的黑曜石色，或是珍珠白的豪华 SUV 汽车，小心翼翼地走出小区，走上坑坑洼洼、尘土飞扬的道路，一边幻想着在这里并没有的闪闪发光的沥青空地上迷路或飞驰，一边小心谨慎地开着车。

每天清晨和深夜，三位身材圆胖的中国男人会一起在小区里散步。他们来到这里，是为了给刚果带来未来。一天晚上，我看到他们在酒吧看世界杯，用水晶碗吃冰激凌圣代，而老板坐在中间，一边抽烟一边眯着眼看记分卡。

星期三晚上，穿着蓝色连体裤和蜡黄色靴子的加油工来这里给住户的车加油。他们拖着嗡嗡作响的机器在鹅卵石路面和铺满石子的人行道上走来走去，被神神秘秘飞进后院和纱门里的蚊子蜇得体无完肤。公寓的窗户上涂有金色的反光材料，让居民有点儿视觉隐私感。即使他们无法阻止看见一个拥有一千一百多万人口的城市的糟糕场面，但至少墙壁、大门、警卫和镜子般的窗户能让他们远离外面的小偷、乞丐和普通人。这些措施与其说是隔绝外界，不如说是躲在内界。

与贝勒维身处同一条街道的“车站 N 商店”（Stop N Shop）灯火通明，商店内装有空调，售卖各种食物：装在优雅的玻璃瓶中、顶上饰着香草和白芦笋的肉酱，塑料膜包裹着的猪肉和鸡肉，比利时的啤酒，南非的葡萄酒，美国的糖果，放满人造黄油和猪肉制品的一整条过道，维多麦牌的麦片和两个五美元的多汁粉色西柚，是元气满满的纯热带风格。

如果你有足够的钱，刚果和世界上任何其他地方没有差别。

* * *

贾斯汀（Justine）是一位身材矮小的美国女性，为接待我的非政府组织保护机构工作。一天晚上，她邀请我过来喝杯酒。她住在镇上一处豪华的房子里，两名警卫站在她家的大门口。她家的房子是比利时人在20世纪30年代或40年代时建造的，用来安置殖民地官员。刚果独立后，它被赠送给一位刚果的军事领导人，这位领导人后来又对房子进行了改造。

"这是'独裁者风格'。"她指向有着金色装饰的罗马式立柱和天花板上复杂的石膏造型说道。"蒙博托有一座秘密宫殿，看起来和这儿一样，他的军官就照抄来了。今天，这些假吊顶成了老鼠藏身的好地方。"

我们坐在她的客厅里讨论野味危机。贾丝汀说话时声音高昂，慢吞吞地带些鼻音，会稍微拖一拖最后的音节，好像她的话语不值得用力去说。她坐在我对面的一张矮沙发上，双腿弯曲，双脚蜷缩在屁股下。她的模样让我想起了一只斜倚的猫，虽然很放松，但如果有什么东西引起了她的兴趣，她会立即行动起来。

"我在美国和平队（Peace Corps）时，要排四个小时的队才能给我妈打电话。现在的孩子每天都可以给家里发邮件。"她喝了一口冰凉的白葡萄酒说道。

贾斯汀已经在非洲各地工作很久了，她被卷入过火并、暴动和夺牛大战。她身后的墙上挂着多年来收集的物品：一个用AK-47子弹壳制成的装饰性套牛绳，一把简单的狩猎弓，一个草编篮。她说话时，我就看着这些东西。

“我们多想把森林视为无人地带，科学家只想清点动物。哪里有动物，他们就想在那里建立一个保护区，但土地一直都有使用者。以塞伦盖蒂[①]为例，过去，人类一直跟随动物迁徙。旱季时，那里不适合生存；雨季时，又很难迁徙。半干旱季节的动物会去塞伦盖蒂饮水，人类跟随动物的脚步。我们试图忽视土著居民，哪怕他们已经在那里生活了数千年。同时，哪里有人，哪里就会有压力。每个人都想要现代化，想要收音机和电视。所以我们必须要划出界限，否则我们将会失去野生动物。”

她的脸变得苍白，微微转向我。

“我们正面临世界末日吗？是的，这正是我们所知的世界。我们面临生态崩溃的危机。大象消失了，我的意思是它们几乎都离开了，近乎全部。保护组织没有足够的资金来阻止这一切，尤其是当我们面对如此之多的破坏性力量在威胁森林时，采金、采钻、采石油、采稀有矿物以及砍树制炭。商业化的木炭行业

① 塞伦盖蒂（Serengeti）：或指塞伦盖蒂大草原，地处坦桑尼亚西北部与肯尼亚西南部的广大区域。——编注

规模巨大，又被黑手党和恐怖组织经营着。”

她身体前倾好替我的杯子里加点酒，然后又给她自己满上。

“这里已经可以强烈地感受到气候变化了。”她说，然后抿了抿嘴唇，仿佛这些信息的味道本身就是苦涩的。“旱季雨水变多，雨季雨水变少，导致水位季节性变化不大。当水位下降时，渔民们用长枪捕捉像鳗鱼一样沿着浅水坑底部滑行的泥鱼。当水位保持较高时，他们就捕不到鱼了。那么他们要怎么办？他们会吃更多的野味。然后，人们对保护组织的支持就下降了。人们对我们说：‘你们有这么多动物，我们却快饿死了！’因此，资源枯竭意味着紧张加剧，局势变得更不稳定。”

她重重地往沙发背一靠，对她刚才所说的重话有点恼火。但她只泄气了一小会，便再次坐了起来，精神抖擞地想着下一个问题。

“整个村子里没人摄入蛋白质，只有面包和人造黄油。所有肉都用于出口。过去，在日常饮食中获得足够的淀粉对人们来说是个问题。今天，轮到蛋白质匮乏了。所以我们正在努力创造蛋白质来源，好阻止人们食用野味。鸡肉工厂每年可以生产近十八万磅肉，而且价格比野味便宜三分之一。但要获得人工培育的蛋白质，就需要动物饲料。你需要种植大豆和玉米来制作鸡饲料，而小型的林中村庄没有任何工业规模化的农业出现。因此，我们正在邻国刚果（布）（即刚果共和国）建立一个完整的大豆生产部门，但在建成之前，我们必须从巴西进口全部大豆。”

她停下来喝了一口酒。

“然而，如果我们忽视城市，我们就会在商业化的偷猎战中输掉。长期以来，自然资源保护主义者所做的一切都集中在消灭野味贸易的供应端。但收效甚微，我们需要开始关注需求端。”她解释道，“所以我们不得不问：为什么金沙萨的人吃野味？是因为贫困还是奢侈？”

她微微坐正。“是的，我们确实知道市场会分化，某些物种的价值更高。猴子比羚羊或水牛便宜，新鲜的野味总是一种奢侈品。因为金沙萨周围不剩什么大型动物了，所以野味必须空运进来。那么问题就变成了：为什么富人吃野味？是因为没有别的吃了吗？在某种程度上，是的。但实际上这是一个口味问题。野味是一种地位象征。如果你想给你的亲家留下深刻印象，就给他们准备一桌野味。这是在庆祝、婚礼和假日时，你可以用来宴客的食物。这是家的味道。就像在美国，感恩节时人们要用火鸡宴客一样，但是偏爱野味是非法的。就像可卡因！”

她的声音随着话语的急促而提高，说话时充满了决心。

“我们必须确保人们不会挨饿，但我们不必给他们奢侈的选择。我们有两种方式来看待这个问题，可以通过强制执法，或是改变人们的思想和行为来解决这一问题。对于第二代城市居民来说，或许我们可以打破传统。这里仍然十分推崇美国文化。人们喜欢乔治·沃克·布什（George W. Bush），因为他拨给非洲许多援助资金。而这里的新中产阶级，他们想效仿西方人。想想朱莉娅·查尔德[1]，她告诉美国女性：即便你是美国人，也可以做美味的法国菜。现在，美国的电视烹饪节目越来越受欢迎。我们可以模仿一下。

"把新鲜的鸡肉带入市场后，我们可能会举办烹饪比赛或是参加电视节目，告诉人们如何以不同的方式烹饪鸡肉、如何做欧姆蛋。你知道的，和女摊主合作，创造新的市场。赠送试食品，就像在杂货店那样，然后拍摄人们的烹饪过程。人们吃野味是为了改变他们的饮食，品尝些不同的东西。但是你可以用很多不同的方法烹饪鸡肉。'鸡肉不一定是没趣的！'我们想展示超级丰富的吃鸡方式，展示人们吃东西的不同方法，而且是合法的。不吃大象，不吃大猩猩。这是刚果的骄傲！你的祖父母的确吃它们，但这并不酷，而吃鸡肉很酷。我们希望教会人们不要吃黑猩猩或大猩猩的肉，它们会携带疾病。我们可以与私营企业合作，举办比如'牛肉在哪里？'的系列活动，还有鸡蛋运动、猪肉运动。我们可以在中非也举办此类运动，让食用家畜的肉成为一件很酷的事情。在对森林状况有了一定的了解和认

① 朱莉娅·查尔德（Julia Child）：美国作家、演员、美食家、知名厨师。——编注

识之后，我们或许能做出巨大的改变。”

她往后重重靠在心爱的座椅上，再次抬起双脚，将杯子放在膝盖上。

“在美国，只有当事物消亡后，环境的道德准则才会出现。但在这里却没有，人们错误地认为这儿还有很多野生动物。在非洲政府决定要保护环境前，他们需要先认识一下所处的环境危机吗？另外，如果你想奢侈地拯救动物们，社会必须得发展到一定程度。钱太有用了。不解决当地人的资金问题，就无法进行保护工作。让当地村民支持国家公园的前提是给他们提供工作。”

我回想起我来此前刚刚到访的国家公园村庄。

“发展和保护之间似乎很难获得平衡。”我说，“是不是许多破坏并非由市场猎人造成，而是当地人造成的？”

“是的，当然外来者也是个问题，你怎么阻止从别国来的国民卫队领袖杀死本国的所有猴子呢？”她回答道，“城市里没人会执行野生动物法和狩猎法，法官甚至不知道野生动物法是什么。在乌干达，他们最近放走了一伙大规模的非法倒卖团伙。有权势的人受到强有力的军方保护，现状依旧如此。政府要想培养人们保护动物的伦理道德，唯一的办法就是刺激经济，比如旅游业，强调活着的动物的价值高于死了的动物。在卢旺达，保护大猩猩的意识现在是他们民族性的一部分，肯尼亚的旅游住宿业是当地生计的重要组成部分。在东非，数百万人从事与野生动物旅游业相关的工作。而在这里，如果你是白人，你必须在下午四点之前回到外面有警卫站岗的家里，不然就会有危险。”

贾斯汀似乎比她的实际年龄和经历要年轻，仿佛在身为少女的旧日与成年女性身份间做内心挣扎。我想知道，在非洲工作多年后，她的这种分裂是否加剧了，她总戴着一张殖民压迫者的面具。她不再那么确定自己究竟是救世主还是囚徒。

“其实，中非人不存在动物保护伦理。无论如何，这儿和美国不同。但凡做好事的人，很快也就被枪杀了。”

我想起了我读到的许多关于世界各地公园管理员和自然保护主义者在野外被杀害的报道。刚果民主共和国似乎是一个特别危险的地方，过去二十年，该国东部的维龙加国家公园（Virunga National Park）中有近一百六十名护林员被枪杀。

房间安静了一会儿。几只蚊子像呜咽的小狗一样嗡嗡地哼着。

“真的，研究人员太少来这里了。”她边站起身转向厨房寻找更多的葡萄酒，边说道，“你是很久以来的第一个。”

当她离开房间时，她回头看了我一眼，眼神中流露出惊人的力量。好像是在自己刚刚谈到的悲剧面前，试图反抗一股突然袭来的不自信。

然后，依然很快，她的面孔又放松了。“目前，我们最大的问题是黄油危机！”她笑着说，很高兴这是此番对话结束前提到的最后一个麻烦。“进口有些问题，这个城市快把黄油用光了。到处都找不到！顺便问一下，你晚餐想在这儿吃点吗？我煮得太多了，又不喜欢吃剩菜。”

＊　＊　＊

几天后的晚上，环保组织派给我的司机卢西恩（Lucian）带我享受了一段下班后心血来潮的快乐时光。卢西恩身形圆胖，性情平和，笑起来很灿烂。他穿着一件仿路易威登的灰色西装。他几乎总是穿得这么得体，好像他的时尚是在反抗生活中单调的现实。甚至当他开着那辆客座门凹了一块的老款白色路虎车带我去野味市场时，他还是扣上了扣子，扣得严丝合缝，打扮得要去约会似的，而不是去修理一辆总是坏掉的汽车。

事实上，我唯一一次看到他走出虚幻，就是有一天早上他陪我沿着刚果河散步。他穿着红色运动服，像一个要去慢跑的人。我们散步的时候，卢西恩向我坦白他正面临婚姻问题。他很爱妻子，但他工作很多，而不工作的时候他又经常生病。

卢西恩有两个女儿和一个儿子。他一直在学习成为一名电气工程师，但一些意外使他再也没有钱支付自己的教育费用。卢西恩自豪于他的工作，因为他知道，在刚果工作总是会更艰难。虽然他的小房子只有两个房间，而且工资微薄，但他的孩子们有机会过上比他以前更丰富的生活。

当天晚上，我和卢西恩还有其他四个刚果人，坐在办公室昏暗的水泥游廊上。蛾子和甲虫像一连串光片一样在我们周围飞舞。

“拉斐尔（Raphael）的邻居打算买一只猴子，或者一小块羚羊，然后把它切成小块卖给邻居。”贾斯珀（Jasper）说。他是拉斐尔的翻译，拉斐尔年龄大些，办公室里的任何额外工作似乎都是他负责。“他卖肉赚的钱刚好够他自己的小额消费。偶尔吃点东西嘛，搞一点小零食而已。”

贾斯珀在金沙萨长大，在比利时读大学，他精通语言、GIS空间分析和俏皮话，态度从容自如，笑声爽朗。

“我们皮肤下的血液是同样的红色。”他指着他的手臂说，然后指了指我的手臂。

“是的，当然。”我回答。

“没错！所以你和我是一样的。”他由衷说道。

我们朝对方笑了笑，承认了这一共同特点，也许是希望我们能够打破区别对待像他这样的男人和像我这样的女人的父权制和种族主义结构。这句话一直萦绕在我心头，它似乎既真实又虚假。纯粹从生理角度来说，这完全是大实话。人类的血无非是血。压迫如此漫长，我们想要弥合裂痕，但一句陈述不能抹杀历史。

当我喝完啤酒，我又想到了猎人。

“好吧，卢西恩，我最好要回家了。”我说，“我本不打算在外面待到这么晚。”

“别啊，你再留下喝一杯吧！”贾斯珀起身去取回更多啤酒，如此说道。卢西恩耸耸肩，友善地笑了笑。

我回到家，猎人躺在床上，汗流浃背，脸的形状都扭曲了。他得了疟疾。他躺在那里，发着烧，当寄生虫在他的血液里游走时，他便发抖，他的身体对这种熟悉的疾病做出防御行为。

他曾多次与疟疾作斗争。有一次，他独自在热带雨林中生病了，他当时扎营在一条叮当作响的小溪旁，除了一顶用于遮风避雨的宝蓝色蚊帐外什么也没有，只有一群猴子在高大的树上高呼祝福。经过多次感染，他的身体对这种疾病产生了部分免疫，因此症状相对较轻。但这并不能减轻我的担忧。

“你去哪儿了？”他没有睁开眼睛，恳求般地轻声说道。我坐在他的身边，握着他的手。“我出去了。但现在，我就在这里。”这些词像巨石一样从我嘴里迸出。猎人抱着我的大腿睡去，就像抱着一座奖杯，就像抱着一条安全毯。

第二天，令我大为欣慰的是，他醒来后情况好多了。从那时起，猎人开始叫我“Älskling”，是瑞典语里的“亲爱的”。小姑娘，亲一个，他开玩笑地说，一个昵称和一个邀请，*吻遍你*

美丽的全身，然后我会紧紧地抱着你，我的爱人。

* * *

金沙萨位于刚果河一处宽阔的拐弯处，至少从15世纪以来，它就一直是国际贸易之地。1923年，它成为比利时属刚果的首都和行政中心，当时被称为利奥波德维尔。殖民政府只允许年轻的刚果男性工人在此定居。他们需要工作许可证才能在城里生活且不能拥有私产，必须居住在特定的区域。一个受到高度隔离划分的城市出现了，周围是欧洲人拥有的牛和农业农场。

由于妇女占村中劳动力的大多数，特别是在粮食生产和育儿的各个阶段，所以人们极力劝阻她们不要搬到被污蔑为堕落之地的城市地区。如果一位女性确实表现出想要搬去城市，那么人们就会四下传播谣言，说她想去城里当妓女。天主教会推崇这一观点，并对居住在城市内的未婚自由女性每年征收五十法郎的殖民税。

然而，到了20世纪30年代中期，殖民政府开始关注利奥波德维尔“露营式的”生活氛围和男女比例不均问题。在官方严禁卖淫行为和稳定工人生活的愿景下，社会默认女性要搬到城市，做比利时人的“管家”（这些工作可能会暗含性服务），或建立自己的家庭。由于人口结构的不平衡，女性通常可以从众多追求者中选择其一。一些女性嫁给了欧洲人，极大地改善了她们的经济和社会地位。

比利时人将刚果男性培养成医生、律师、行政人员和官僚，造就被称为“进化者”（évolué）的新中产阶级，意味着刚果有了一群受过教育的雇佣劳动力，其规模是其他非洲殖民地的两倍。但女性，甚至是上层女性的教育机会依然稀缺。人们鼓励女性精通家政活动，比如缝纫、编织和烹饪等。妇女们被圈禁在家庭领域，屈从于丈夫，提供了大量的免费劳动力。这对殖民地政府相当有利，他们颁布了一项法律，要求妇女在外出工作之前必须获得丈夫的许可。结果就是大部分妇女都被排除在快速发展的现代经济之外。

由于就业机会有限，创业成为女性仅有的出路之一。尽管卖淫并不合法，但也的确是一种途径，最成功的女性将她们卖淫得来的收入投资给合法的酒吧或房地产。其他人则从事食品生产，从事男人们不愿意涉足的小规模和非正规行业。虽然乡村生活通过将妇女和农田绑为一体限制了她们的流动性，但在利奥波德维尔，妇女最终可以寻求到某种程度的独立。

在整个20世纪40年代和50年代，利奥波德维尔发展迅速。随着城市扩张，妇女越来越多地参与到将森林产品送进城市的运输和贸易中。作为食品生产商和厨师，她们对野味已经相当熟悉。她们的丈夫忙于案头工作，很少有时间外出，可女性偶尔会回乡探亲。她们把一些剩下的商品获取带回老家来补贴家用，多的东西还会卖给乡下居民。

妇女必须持有旅行许可证，而且往往需要她们的丈夫或父亲允许，才能进行此类旅行或重新进入城市。这种限制给了女性练习行贿技巧的机会。许多妇人与殖民地官员成了朋友，她们用一部分利润换取不受限制的行动。多年来，有关野味贸易网的母系系统不断发展，这是一种不成文的知识，由母亲传给女儿。

1960年独立投票后，比利时人迅速离开了这个国家，整个国家陷入了权力真空的状态。刚果民主共和国陷入了一场残酷的五年内战，许多派系争夺控制权［切·格瓦拉（Che Guevara）甚至带领一支古巴游击队进入森林帮助某一个派系］。人们从火力激烈的乡村逃离，涌入相对安全的首都，金沙萨以前所未有的速度发展起来。

20世纪60年代中期，非洲各地都在进行独立运动，西方国家普遍担心非洲大陆会成为共产主义的大本营。1965年，蒙博托在由美国支持的政变中上台。他的政党——人民革命运动党（Mouvement Populaire de la Révolution），部分属于政治组织，部分属于社会组织，而他也很快参与到文化生活的几乎方方面面。由于蒙博托的反共立场，美国对他荒诞的暴力行为和日益展现出的掠夺性执政风格视而不见。

到1973年，蒙博托的权力俨然一手遮天。他削减了议会的权力，暂停了行省议会，将统治权集中在金沙萨，然后掌握了警察的指挥权，并且肆无忌惮地处决任何他怀疑是敌对分子的人。他将所有外资企业国有化，并大量投资城市和矿区，同时提高经济作物的税收。这些政策加剧了都市和农村居民之间的财富差距，并进一步推动了农村人口的外流。

蒙博托是一位魅力十足的领导人，他戴着玳瑁眼镜，穿着细条纹的西装，披着豹皮披肩，是一位时尚的人物。刚果民主共和国巨大的自然资源意味着他一度是世界上最富有的人。他去欧洲度假，拜访西方国家的总统和总理们。1974年，他在金沙萨举办了“丛林之战”拳击赛，两方选手分别是穆罕默德·阿里和乔治·福尔曼[①]，这场比赛被称为蒙博托主义的胜利。这场拳击赛以为期三天的“扎伊尔74（Zaire 74）”音乐节拉开序幕，节上包括詹姆斯·布朗、雷利·班·金和比尔·威瑟斯[②]的重头戏表演。

尽管蒙博托背靠西方支持者，他还是想让这个国家摆脱殖民的影响，并开始创建一种正统性（Authenticité）的国家官方意识形态。他将国家改名为扎伊尔，禁止戴假发，并告诉“进化

① 穆罕默德·阿里（Muhammad Ali）：美国著名拳击运动员，被誉为“拳王”；乔治·福尔曼（George Foreman）：美国职业拳击手，被认为是世界上最好的重量级拳击手之一。——编注

② 詹姆斯·布朗（James Brown）：美国黑人歌手，被誉为美国“灵魂乐教父”；雷利·班·金（B.B. King）：美国音乐家，被誉为“布鲁斯之王”；比尔·威瑟斯（Bill Withers）：美国歌手、作曲家，三度获得格莱美奖。——编注

者们”要以“正宗”的刚果方式穿衣、说话和吃饭。烹饪传统被重新发掘和塑造。刚刚领薪水的城市居民愿意为传统肉类支付高昂的费用，野味的需求急剧上升。大象被杀的原因更多是肉而不是象牙，对于那些认为吃了象肉能够提高性能力的高级官员来说，这是一种贵重的食物。强大的军人往往是野味交易的核心买家。他们教唆收入微薄的步兵和国家公园警卫，向村民勒索野味。许多军官驱使妻子做野味商贩。在金沙萨，市场上可以找到成堆待售的大象肉，苍蝇环绕，露天堆放。

尽管人们的生活仍在独裁者的控制之下，但这里有一种几代人都没有感受过的自由感。刚果成为整块非洲大陆文化进步的楷模，金沙萨处于令人难以置信的复兴中心。它拥有全非洲受过最好教育的一批人。耗资巨大的公共建筑被委托以实验性的风格建造，结合了装饰艺术、苏联风格的野兽主义、未来主义和乡村小屋的几何设计，来表达这个现代非洲国家的新身份。

刚果的音乐、艺术、时尚和文学迅速发展，并开始获得国际认可。索卡斯（Soukous）再次流行起来，这是一种多乐器的舞蹈音乐流派，20世纪40年代作为古巴伦巴舞的变体，最初在比利时属刚果出现。音乐家们开始尝试音响合成器，并在伦敦和巴黎的俱乐部演出。唱片店里播放着酸爵士[①]和迷幻放克。

① 酸爵士（Acid Jazz）：又译迷幻爵士，是爵士乐的一种分支音乐类型。

周六晚上，人们可以在紧靠法国俱乐部的维纳斯酒店的高档酒吧里欣赏到这些音乐表演。

到20世纪80年代中期，蒙博托对刚果民主共和国的控制正在减弱。刚果民主共和国面临着大面积的通货膨胀和日益加剧的不稳定。随着"冷战"结束，美国不再需要蒙博托的联盟，国际社会对其政府的支持也随之减弱。1996年，刚果民主共和国内战爆发，一直持续到2003年，提供了军队或军事支持的诸多其他非洲国家也牵连其中。近五百四十万人死亡，另有四百万人流离失所。

森林中武器广泛流通成为常态，强奸成为一种特别有效且经过精心策划的恐怖战术。女性因她们遭受的创伤而主动回避战事。随着冲突，人们再次逃离农村地区，城市规模进一步扩大。任何能离开这里的人都去欧洲了。

刚果民主共和国的妇女继续受到父权制、殖民主义和独裁统治遗留的影响，立法积极反对妇女获得成功。刚果是中非地区女性财产和牲畜拥有率最低的国家之一。妇女仍然少有机会接触机械、信贷和高等教育，仍然需要丈夫的许可才能创业或开设银行账户。部分而言，为了应对严重的性别差异，妇女开始采取集体行动，刚果民主共和国是非洲妇女组织数量最多的国家之一。

妇女仍然是野生肉类经济的中心，其中最具商业头脑的女性继续练习着贿赂、易货和与如今控制贸易的武装男人们谈判的幽微艺术。

* * *

就像刚果河崎岖的水道一样，野味的贸易也是曲折的；就像河流最终流向大海一样，大部分肉类最终会流入金沙萨。

在中央市场——一处位于市中心的巨大露天市场，一个拿着喇叭的男人正在卖冰棍。十一二岁的男孩们在找寻可以转卖的废弃塑料袋。一个男子在顾客间徘徊，他的四肢畸形，身上其他种种迹象也都表明他的生活极度痛苦。还有一个男人通过给人化妆来卖化妆品。他的眼皮上涂了蓝色的眼影，脸颊上画了粉紫色的腮红。女人们排成一排，感受他生动的气韵。一堆海龟挣扎着想要回到自己原来的地方，尘土飞扬的市场与它们出生、长大并最终被捕获的丛林截然不同。胖乎乎的圆形幼虫在一个盆里一起蠕动。一个摊位上挂着一件纪念礼服，是6月30日推翻殖民地霸主，在一个许多人仍受压迫的世界里庆祝独立的日子。

我见到了市场管理员。她是一个身材高大的女人，穿着黄色碎花连衣裙，披着丝绸披肩，头上盘着一条辫子，像皇冠一样。她雍容地斜倚在一扇窗户下，三心二意地看着摆放在桌上成堆官方文件中的一台小电视上有关的医生节目。房间很暗，带椰子图案的浅绿色窗帘将阳光隔开。一个戴着超大墨镜的男人在门边的椅子上打盹。我把我的研究许可证交给女人，证件由科学研究与技术中心的秘书长女士签字盖章。她怀疑地用手指磨搓着纸，然后转向那个男人。她的眼睛很明亮，现在充满了笑意。当我们离开办公室时，一个右眼浑浊的小男孩跟着我们走出大门，在市场周围逛了一下午。

我写下我们看到的动物的名字，还有价格，还在我的黑色小笔记本上写下了翻译杰克（Jack）为我解释的话。杰克经常穿着一件黑色运动夹克和带宽大迪斯科领的红色衬衫，衬衫的扣子一直扣到脖子上方。他蓄着小胡子，当他戴老花镜时，他会把眼镜架在鼻梁的中间位置，仿佛这不是一种必需品，而是一种时尚的配饰。杰克既热切又焦虑，为人善良，说话有些晦涩难懂。他的翻译经常让我更混乱，可能是他的自信过滤了本该陈述的现实。

我的研究助理帕特里斯（Patrice）是一名学习环境科学的刚果学生，看上去因身处市场而很不舒服。没有纸巾，他就从不擦脸上的汗。有那么几天，他似乎要被紧张、气味、灰尘和烟雾压垮了。帕特里斯失去了双亲，有四个哥哥和一个妹妹，他信仰虔诚，说话有点结巴。帕特里斯在农村长大，虽然从未提起，但可想他的童年一定饱经战乱。

一天早上，在去金沙萨大学采访一位教授的路上，我们遇上一场大塞车，令人十分不耐烦。水泄不通的道路如同一条塞满了垃圾的湍急河流，断断续续地向预定目的地挪动。摩托车在载满人的客运面包车间像鳗鱼一样穿行。

“乡下总令我平静。那里空气清新，风景优美。”帕特里斯望着窗外，在后座用断断续续的法语说道，“这座城市让人压力很大。”

我们经过一辆客运面包车，一名男子站在侧门的位置，背对着马路。不知道他在那里是为了拉人，还是确保没有人溜出来。

“这座城市有优点。”帕特里斯继续说道，“中国人投资建设了美丽的新道路、学校、医院和体育场馆。这对国家有好处，是一种发展。”

他叹了口气，继续看着窗外。“但是，过去只有少数市场兜售野味。现在，你可以在任何地方找到这些肉。需求量又增加了。”

几个孩子，怀里又抱着好几个孩子，穿过停滞的车流向我们的车走来。

“把门锁上，别说话，最好别笑。”帕特里斯突然急切地说道。我坐在前排乘客座椅上，卢西恩看出我的犹豫，于是用严肃的眼神催促我锁门。

“他们是小偷？”我用简单的法语问道。

帕特里斯又开始说话了。“通常情况下，他们会独留外乡人，只抢劫刚果人。”

“为什么？”我问。

“他们尊重外国人。”

一天下午，帕特里斯带我去他家。他的姐妹们在院子前面搭了一个临时的发廊，还卖其他东西：咸鱼和帕特里斯随身携带的纸巾。我采访了他的大姐，她每天要为十二个人做饭。他们喜欢吃猴子和羚羊，或是从中央市场买回来的穿山甲，虽然价格更高，但质量和品种更好。他们结婚时要吃野味，这是习俗。“这很寻常。”他的姐姐睁着亮晶晶的眼睛说，“了解食物的来源很重要。如果我买得起，肯定会每天都吃。我们小的时候住在乡下，那时候吃得更多。”烹饪食谱很简单：泡水，去除泡软的肉，重复以上操作，加入香料和高汤，以及漫长的炖煮。

* * *

位于城郊的港口批发市场尤为真实。在易燃品市场（Marché Inflammable），从上游赶来的货船必须驶过生锈的金属驳船残骸，再穿过垃圾和腐烂物的漂浮物，然后靠岸。船只挤在一起，甲板上堆满了货物。男人和女人卸下货物，在吃水线上方的木板上保持着身形平衡，他们快速地来回走动。一头猪在海岸线上翻拱着腐烂的垃圾。

垂直耸立于河上的悬崖顶，妇女们坐在地上拨弄着一堆堆烧焦的木头。她们的手上、脸上和衣服上都沾满了炭灰。更多妇女正俯身站在一大堆玉米粒上，忙着仔细地从玉米粒中挑出石头。

这个市场和金沙萨的很多市场一样，闻起来有一股烟味。这座城市有很多种火：冒烟的火，阴燃的火星，烤制食物的室外煤炭，花园和空旷田野中的熊熊大火。空气中弥漫着燃烧后的泥土气味，会钻进你的鼻孔整日不散。这个市场闻起来像是燃烧的塑料。大气因颗粒物而刺鼻。

我采访了三个女人，她们坐在一把破损的沙滩遮阳伞下，身边有一堆野味。一大群男人围着我们讨论我正在做什么。杰克递给我一只熏制的猴子，坚持要我和女人们合影。我蹲在他们面前。女人们没有笑。我举起死去的动物。镜头一离开，女人们就变得亲切而快活，我们没有说什么，只开了几个玩笑。

我结识在市场经营酒吧的两姐妹，酒吧也是她们非法走私的总部。酒吧由回收的木材建成，天花板很低，地板脏兮兮的。墙上被凿开了几个洞，光线就从那里流进来。空中满是灰尘，塑料垃圾散落在塑料桌子和塑料椅子周围。帕特里斯和往常一样，穿得像个银行家：浅蓝色衬衫，细条纹裤子，尖头皮鞋。他站在我身边用纸巾捂住鼻子，就像一个难以忍受这里的模样而快要昏倒的南方美女。

“我们的父亲是个商人。”姐姐告诉我。她留着一头短发，画着很粗的猫眼眼线，涂着黑色的口红。她穿着一件红色 T 恤，搭配了一件条纹灰色背心和一根五颜六色的粗项链，还戴着耳环和手镯。“他有一艘大船，卖了很多东西。我们接管了他的生意。”

“我们一年去上游两回，走私子弹来换些肉。”妹妹说道。她戴着粉色蝴蝶结头带，穿着一件粉色衬衫。她戴着一条金项链，项链上坠着一个字母“A”，这个“A”刚好落在她丰满的胸部上方。“我们去各个村庄寻找可以做买卖的人。我们的母亲还留在村里，我们会回去陪她。”

两个女人没有笑，但她们继续大方地回答我的问题，且惊人的坦率。

“以前能买到狮子肉，现在不行了。”大姐说，“有时我们会收到其他非法的肉，比如黑猩猩或大象。这些肉类被裹在合法的肉里，或者被藏在玉米或富富里[1]……”

“有时象牙也是这么藏起来的。”妹妹打断道。

“你们害怕被抓吗？”我问道。

大姐一本正经地回答：“军方心知肚明，我们有时会给他们些好处。”

妹妹同意道：“那些士兵和我们合作，但我们不信任他们。

① 富富（fufu）：富富是西部非洲和中部非洲人民的一种主食，通过在水中蒸煮富含淀粉的可食用根茎植物并研捣至适宜的稠度制成。

他们不是我们的朋友。”

*　*　*

母亲和姐妹。市场上挤满了母亲和姐妹、祖母和女儿、阿姨和侄女。这些女人大多不识字，许多人曾遭遇过性侵。这些女人值得用一整本书去记录。不仅仅是因为她们长期受苦、贫穷、被边缘化或是目不识丁，也不仅仅是因为她们受到压迫、遭遇性侵然后被遗忘，更是因为这些妇女懂得如何叫卖。

当我走过市场摊位采访她们时，她们不会告诉我他们的名字。她们各有不同，有着相异的过去，但因野味贸易中的共同工作而团结起来。

她们的手敏捷而精确，挥舞大菜刀如同使用附肢般灵巧。

“我从2000年开始卖肉。有时我赊账先卖，有时我会用现金付清给批发商。”她在中央市场说道，“我个人不太吃野味，反而更喜欢家畜肉。但我没有时间。如此昂贵，如此特别，金沙萨吃野味的都是首领们。”

她身边是一个装满了动物头颅的袋子。

一位衣着得体的顾客走了过来。“我喜欢不同的动物——水牛、猴子、羚羊。”她一边说，一边检查着售卖的肉。“我喜欢野味，因为它是天然的。我们喂养家畜的食物不是天然的。但这些林中的动物，它们喝的是纯净的水，因此更接近上帝。”

已然苍老的手慢慢地、仔细地摆放重新码成堆的肉，这双手掌握着新鲜，这双手不停忙碌。手向顾客传递着某种风味，顾客如果不买账，她便自己吃掉。

“我做这行四十四年了。”她说，“太熟了。现在做生意很难，竞争又多。但我不想卖其他的东西，卖这个就足够了。”

在甘贝拉市场（Marché Gambela），她把肉分成三堆，每堆肉的种类不同，价格也不同。她穿着一件过大的紫色睡袍，不得不在肩膀处给肩带打上小结。她的红色内衣肩带很配她的红指甲。她画着又细又上挑的眉毛，看起来很快活。

“我妹妹看着楼下的几个摊位，我们俩之前，是我妈妈做这个生意。每两到三个月，我就去姆班达卡买一大篮子肉，然后乘飞机带回来。我偷偷买了大象肉，也不怕在这儿售卖。他们不在乎。酒店和餐馆都买大象肉。”

她说话时像海盗一样在空中挥舞着一把又长又细的刀。帕特里斯站在她旁边，一丝不苟、密密麻麻地记录着。帕特里斯和她那把闪闪发光的军刀靠得很近，他看起来有些不安。

“我没有直接参与军方的活动，但我们必须缴纳非法税给猎人，他们缴给当地领导，然后领导们又缴给军方。”

一位孕妇正在查看一堆价值约二十美元的水牛肉。

“我钱不够。”顾客说。

“给你优惠价，你怀孕了，宝宝需要它。”

交易愉悦又有趣，好像贸易关系的真正本质——互惠，在这里还没有被遗忘。

一名政府雇员走了过来，她量了量待售猎物的价格和重量，统计数据将被交给商务部。她的工作效率很高，很快走去了下一家商铺。

这个市场必须弯腰行进，摊位很矮，通道很窄。

她需要大量货物供应，每周六会收到父母空运来的四筐野猪和六筐猴子。“很多肉产自赤道地区的森林。十年前，我们两地的联系更顺畅，船只往来频率也更高。”

她向常客招手示意，想让他们看看当天出售的特殊兽肉。

她平时会把黑猩猩肉藏起来，还给它取了个别称，叫黄背小羚羊。她一般把这种肉卖给一等公民（premier citoyens）。

她和一位最喜欢炖水牛肉的顾客进行了五分钟友好交流，这位顾客不常给孩子吃野味，以免过度食用野味导致痛风。

一位裹着羊毛足球毯的老妇人为她最好的客户——一位天主教牧师——预留了一只刚熏制好的猴子。

她卖的肉比我在其他地方看到的品质更好。“我的顾客很忠诚。人们找我买肉，然后把肉带到欧洲。现在顾客少了，我也准备了一些普通人买得起的选择。不过最近，肉类价格翻了一番。猎人不够多，还必须秘密狩猎。当前的旱季狩猎非法，雨季狩猎更容易些。”

她向我展示了一堆互相连身翻滚的海龟。

她卖烟熏的蛇，蛇被缠绕在树枝上，蛇皮的鳞片上有木炭的光泽。

一只活的短吻鳄的嘴上被绑了粗麻绳，她拉着麻绳拖着它走。它没有反抗。

她的继母教给她这些技巧，但她的丈夫不再允许她奔波。

她不想再回答我的问题了。

这位顾客说："如果他们禁止食用野味，那我们就不吃了。我们遵守法律。"

如果这位顾客更富有，她势必会吃更多的野味，她现在买的量比蒙博托时期更少。"我们手里的钱越来越少。人人都遭罪，商品越来越贵。物价上涨得难以置信！尤其是野味。我们要活不下去了。"

她是一名秘书，每个月买一次野味，通常在周末。"只要你知道该去哪儿，买到野味就不难。我吃野味是因为它新鲜，但主要还是因为它好吃。"

五十周年纪念市场（Marché Cinquantenaire）里有一幅壁画，上面写了几个潦草的字"La Révolution de La Modernité"（现代化革命）。通风走道里挤满了一排小贩，人声鼎沸，摩肩接踵。

她从小就吃野味。"我父亲是一名猎人。"当她回乡下的老家探亲时，她会坐飞机把新鲜的肉带回金沙萨，然后自己熏制。

如果她想买羚羊，她会整只带走。

她说："当我吃它的时候，我会想到我的祖先，想着他们如何生活。我想让我的孩子们看看他们的祖先做过什么，这就是为什么我自己熏制野味。为了让孩子们看看要怎么做。"

她站在一堵黄色的墙前，认真思考自己的答案。

她被朋友带进行卖了两年野味。她计划扩大业务，最后开一家药店。卖野味之前，她一直在学习如何成为药剂师。

她穿着一件金色的连衣裙。

我想要给她一千刚果法郎（约六十美分），这笔钱我给了所有花时间和我交流的女人。但她拒绝收下。

她说："你为什么要给我钱？我们的发色是一样的。"她从头巾下撩起自己头发，然后指了指我的黑发。

她身上带着一种安静的力量，就像是等待发芽的春蕾。因为她曾经亲身经历过充满暴力的日子，所以仍然警惕着恶劣的酷寒。冬天真的结束了吗？是时候开花了吗？

她是一位女王，端坐于她的野生动物之后，布满皱纹的棕色皮肤有如树桩，观察着她最近征服的影响人们感官的战利品。

当我离开市场时，一辆运送家畜肉的冷藏车停了下来。

* * *

猎人的成长过程中没有被无机物包围的安全感。这片土地是他的家，充满生机。我很快理解了他的这种品质。尽管我们的童年有着天壤之别，跨越了一个大洲那么长的距离，可我们都在荒野中漫步，赤脚探索。新墨西哥州的丘陵和旱谷是我的朋友，它们变幻莫测。因此，我的内心深处对全部尘世喧嚣抱有永久的敬意。

当我爱上猎人，我便同时爱上了这个造就他的国家。时间变成了一系列有机的体验，与其说是线性的，不如说是根茎状的、同步的，就像一株正在生长的植物。我开始发现各处神秘的迹象。一只黄蜂在窗台上小心翼翼地给自己做清洁。空荡荡的大厅里传来脚步声。清晨河上云雾升腾。

白天，我参观市场，进行采访。充满灰尘的空气给城市的喧嚣蒙上了一层多愁善感的薄雾。与过目即忘的小贩们的短暂眼神交流中，我感受到爱，甚至在我登记与分类死去的野生动物时所经历的巨大悲痛中，我也感受到爱，对猎人的思绪会暂时打断悲伤。

晚上，我们在床上吃比萨、看电影。我们在富丽堂皇的法国俱乐部共进晚餐，观看户外屏幕上投影的世界杯。我们去一家餐馆吃中餐，那里菜单上的菜肴很吸引人，有“欧芹的结末”“温和的豆子”“咸食”和“酸辣小绵羊”[①]。

① 以上菜品名分别为：“At the End of the Parsley”“Gently Beans”“Salty Food”“Hot and Sour Little Sheep”。—— 编注

某晚，我们去户外舞台看戏。夕阳西下，演员身后的天空变成了橙色。这桩戏讲的是一个男人在一辆拥挤货车上的故事。他穿着西装，提着公文包。他总是在旅行，通过独白娓娓诉说着颠沛流离。然后，一个幽灵般的女人出现在聚光灯下，她站在梯子上，身披白色床单，一张脸涂得惨白。她一动不动，声音却传遍了人群。我屏住呼吸。猎人握住我的手。

周末，我们逃离城市。在一家有着悲惨历史的湖畔餐厅，我们吃了加蓬鸡曼巴（poulet à la moambé），一种用油棕果和花生酱制成的浓郁橙色酱汁烹饪的鸡肉。蒙博托就是在这里处决了一对被控叛国罪的父女。现在，该湖泊是一个由天主教使团管理的景点，还能呈上好吃的鸡肉。平静的湖水前，有人正在拍摄一支音乐录影带，十几个穿着淡紫色连衣裙的女人翩翩起舞。

我们去观光胜地露营。早上，我们徒步来到演奏着复调的瀑布，在棱柱形的水流下沐浴，然后沿着支流向下走，来到刚果河边一处宽阔的沙滩。苍白的砂岩砾就像废弃的船只，停泊在海岸线上，河水呈深褐色。我们在湍急的水流中游泳，躺在巨石隐蔽处冰冷潮湿的沙滩上。

我意识到生活很简单。它是颜色、形状、阴影和光斑穿过树叶的运动，是一种不时被噪声打断的寂静。人类生活的轰鸣声突然归于宁静。

旱季的雾霾不再令我难受，我期待着夜晚的到来，期待光线消失和回归之间短暂的间隙。当我们做爱的时候，我切实地生息着，宛如正在我的家中。

一晚，当我们缱绻时，猎人告诉我，僻远的林中空地上，有头叫作巴伊的大象（baï），如果他死了，我去那片空地就能找到他的尸体。他似乎在分享自己心底最大的秘密。

我们的爱变得毫无止境。我们不再在坚实而阴暗的大地上爬行。我们是它繁殖力十足的自由，根深蒂固的、如此鲜活的。我理解他如理解己身。我们是可爱的、饱受折磨的野兽，我们让彼此不再普通。

* * *

时值星期五晚上，整个城市令人心情舒畅。在被简称为“舞蹈俱乐部”的店铺对街，有一家名为“恩加马猎豹2号”（Ngama Cheetah 2）的拥挤户外烧烤餐厅，一块广告牌大小的招牌四周挂满了闪烁着灯带，上面展示着可选择的食物的图片。

我们坐在招牌下面，啜着啤酒，人们看着猎人、卢西恩——我的司机、贾斯珀——我那来自保护组织的友好同事，还有为办公室跑腿的拉斐尔。我们等上菜已经等了将近一个小时了。卖东西的小贩们从街上走到我们的桌子前。鞋子，手提包，DVD。他们站在一边，凝视着我们，等待着确认。手机充电器和适配器、书籍、地图。他们身上挂满了东西，每一个部位都要用到，无论是头、肩还是手。雕刻的乌木雕塑，精美的铅笔素描肖像，假的护照，工具，一条腰带。硬纸板制成的金字塔展示着一百种其他东西。男人们骑着自行车从我们身边经过，就像资本主义的旋转木马。

一个脖子上挂着数码相机，身后背包装满小玩意儿的男人生意很好。他给我们旁边的一群人拍了一张曝光过度的照片，然后用便携式喷墨打印机打印出来。他们存在的证据，还有他的。

“这里对时间的感觉更加鲜活。”贾斯珀指着繁忙的街道说，“这里的人们走路很慢，做任何事情都很慢。在西方人看来，这种情况可能是某种功能障碍，但对我们来说，我们没有那么大压力。生命那么长，我们慢慢来。”贾斯珀喝了一大口啤酒，似乎在强调他的观点。“我们这里有个说法，”他停下来喘了口气，继续说道，“上帝给了白人一块手表，但他给了刚果人时时时时时时时时间（TIMMMMEEEEE）。”

我们这些用餐者的旁边是一个木质烤架，还有一间规模很大的肉铺。两个男人站在桌子旁，随着鼓手的节奏把肉剁碎。另一个人切开了一头后腿被挂起的山羊。主厨脚蹬一双简单的皮凉鞋，戴着白色的纸帽，穿着白大褂。当他熟练地将血淋淋的肉扔过明火时，他看起来像个外科医生。然后他停了下来，站在那里无所事事，满意地笑看人群。事实证明，等待只是不着急。

终于，我们的一堆山羊肉被装在一个衬了纸的红色塑料托盘里端了上来。羊肉被烤成焦糖色，每一块都很多汁，烤后酥软可口，肉里还带着软骨和骨头，非常耐嚼。托盘边缘排列着打开包装的切片木薯糕（kwanga），这种食物由发酵后的木薯根制成，先反复敲打碾碎做成面包状，然后用树叶包裹，再用绳子绑起来，最后蒸熟。每片木薯糕都是一口的大小，每片中心都插了一根牙签。甜酸的味道与多汁的烟熏山羊和酸酒完美契合，这三种简单的味道融合得很好，灯光秀的氛围、聚集在我们周围的人群的活力，以及我久违的饥饿感，都让我们更加兴奋。

吃完饭后，卢西恩开车带我们去了一家俱乐部开饭后派对。这家俱乐部在一间地下室里，空调开足马力。与闷热到慵懒的夜晚相比，这个房间像是在北极。舞池上方闪亮的霓虹灯在墙上投下了一圈波纹状的宝蓝色和浅绿色，我们仿佛淹溺在漩涡的慢速洄流中。房间里的人们跳着20世纪70年代的刚果伦巴和流畅的索卡斯舞蹈。

我和卢西恩跳了一圈。在明亮的节拍下，帕帕·温巴[1]的

① 帕帕·温巴（Papa Wemba）：刚果歌手和音乐家，被称为“伦巴摇滚之王”。

声音高亢。这首歌融合了欢乐和怜悯，像一曲庆祝的哀歌。帕帕·温巴总是穿着他最好的衣服，他的追随者被称为“萨普洱”（sapeur），指狂热追求时髦优雅风格的人。卢西恩穿着他的华丽服饰，在舞池里拉着我旋转，他是一位优雅的“萨普洱”，在其他情侣之间温文尔雅地带着我们舞动。他的大手包着我的小手，让我稳稳地舞蹈，我感受着一丝幸福。每个音符听起来都像是一个不朽的、不可触摸的物体。

猎人靠着后墙与其他人交谈。当我看到他在那里时，我觉得他做的这一切都是为了我。他对我跳舞所展现出的平静冷漠是一种天赋。我从他强烈的欲望中挣脱出来，在他的陪伴带给我的安全感中，为自己而活。

几首歌之后，我感谢卢西恩陪我舞蹈，然后走回猎人身边。随着我走近，他并没有笑，而是抬起了水晶般的眼睛，它们变成了不太满意的玫瑰花结（rosette）。我又挨着他了。

* * *

他们告诉我，距离城北大约一小时路程的批发市场，有人出售活的倭黑猩猩，运输船只之所以会停靠在那里，是因为不想支付金沙萨的港口费。据说这些动物来自姆班达卡附近的支流，这意味着它们很可能是在国家公园被捕获的。

一些部落有文化禁忌，禁止族人食用或触摸倭黑猩猩，他们认为倭黑猩猩是祖先灵魂的化身。例如，黎雅尔利马人居住的森林中，其居住地附近的倭黑猩猩种群更为丰富。但其他地方对这种动物肉类的需求从未间断，有传言说这种肉尝起来像人肉，非常甜。我听说它们的骨头非常珍贵，可以治疗阳痿，人们给孩子们洗澡时也会用倭黑猩猩的骨头，它可以以灵性保护孩子。

倭黑猩猩98.7%的遗传密码和我们人类相同，它们是一种敏感而温和的生物。当盟军轰炸柏林时，它们是柏林动物园里唯一因惊吓而死亡的动物。因野味贸易而成为孤儿的倭黑猩猩宝宝，经常被贩卖到异国做宠物。它们像是毛茸茸的黑色小球，必须被经常抚摸，不然就会因缺爱而死亡。

周六，猎人和我一起去批发市场帮忙翻译。市场露天，位于刚果河畔，摆放着许多木质摊位。我们沿着一条土路走向卖野味的区域，途经一张桌子，桌上摆满了自制的酊剂、植物根茎、槟榔和草药。附近的一间小屋里，孩子们坐在一堆时明时暗的电视塔下玩着电子游戏，看着动画片。

我们开始和一个抽着烟的精力充沛的年轻人交谈。他的指甲又长又尖，手腕上戴了一圈蓝色的念珠。我们说话的时候，坐在我们身后摊位上的两个女人开始对我们喊叫。猎人转过身来，用林加拉语和她们说话。“她们说你会让她们的生意更难做，你是为保护组织工作的，是敌人。”猎人边翻译，那边的女人们边大骂着粗话。“她们不想让你拍她们的照片。”

有人警告过我，到处摄影很危险。由于这个国家的旅游业不发达，他们建议外国人不要拍太多照片，特别是不要拍军事建筑、机场和其他政府建筑，以免被怀疑为间谍。对外来人的这种偏执肯定由来已久，被监视导致了被控制和被殖民。

现在，女人们开始和我刚才采访的男人讲话。“别把你的信息给她，她会用这些信息谋私利，对我们只有坏处！”男人开始反驳。猎人用林加拉语插嘴，语气恼怒，面色平静，甚至被逗乐了。每个人都遵照习惯性的礼节，称呼彼此为“嫲嫲”（Mama）和“帕帕”（Papa）（就像我们可能会称呼彼此为“女士”或“先生”），有那么一刻，这场争执宛如家庭中的盛大误会。但愤怒的情绪正在升级，紧张的情绪在市场上蔓延。

我可以理解女人们的愤怒。我只是一群白人中的一个，来此掠夺属于他们的东西，即使只是信息。许多历史和科学知识的创生都是外来者以偏见去描述的，这样的观察者很容易误解或完全忽略了某些重点。这个市场上的刚果人仅仅是在行使他们的权利，拒绝说出属于他们的知识。

我最惊讶于自己的愤怒和困惑，因为我突然感到很孤独。在此之前，猎人一直是我的保护者，在一个我被警告不要独自前往任何地方的国家里，为我提供了一种自由。今天，他似乎中断了我的体验。之前的市场访问中，我从未经历过这么直接针对我的怒火，似乎不同的是，当我和两名刚果导游在一起时，我不会被视为特别大的威胁。

争论持续了一段时间，我走开了。最后，猎人跟着我走了。女人们看起来很疲惫，也很坚强、执着，且失望。我的思绪在语言和特权之间徘徊。我想要一些我不知道如何拥有的东西。我说不清楚。我想了解刚果民主共和国的客观现实，而不是我个人对其的看法。

回家路上，我们看到了在沟渠中劳作的中国人和将紫灰色火山岩塔碾成碎石的刚果人，他们的脸上露出疲惫的表情。我们经过山坡上的一座户外福音派教堂，虽然不过是田野里放着几把塑料椅子，一位衣着得体的牧师站在台上。我们开车经过了一座种着棕榈树、铺着蓝色瓦片的清真寺；经过一个墓碑成行排列却落满灰尘的墓地（一座拥有一千一百万人口的城市，一天有多少人死亡？）；经过一个不知通向哪里的混凝土楼梯，上面挂着一个牌子，写着“欢迎来到出埃及记的中心”；经过绘着金属色泽的复活节彩蛋的老式大众客车上探出头张望的美女们。我们开车经过一座半完工的两层楼高的煤渣砖房子，房子边缘已经发霉，带着水渍。唯一的颜色是一件挂着晾干的红色破布和门外一位女士的赭色裹裙。她坐在那儿，看车来车往。一个男孩走到没有建完的台阶尽头，凝视着远方。我们来到一个中央十字路口，两个红眼睛的巨大锡罐机器人有条不紊地指挥着汽车，双手装饰着彩条。当我们挤进拥挤的环岛时，一个孩子领着一个盲人步行穿过车流。他们每个人身上都有一百万个小世界。

* * *

下个周四，我开车带着卢西恩和泰德（Ted）在镇上转了一圈，泰德是一个美国中年人，操着温和的南方口音，头发金黄柔软，戴着圆眼镜。他的理智主义让他有些焦躁不安，就像一个男孩扮成了教授。“哦，是的，那个地方很不错。”他指着一家名为“柠檬酒”（Limoncello）的白墙餐厅说道。

泰德的妻子在英国大使馆工作，他在金沙萨待了几年，这几年似乎让他既高兴又无聊。他今天来这里，表面上是为了测试他的语言能力，并在我调查当地餐馆和采访厨师时担任我的翻译。

“林加拉语中‘mosuni’一词既有‘可食用肉（meat）’的意思，也有‘鲜肉（flesh）’的意思，比如人肉。”泰德说完，递给我一张印着相关词汇的表格。他最近为当地外籍人士编写了一本英语—林加拉语词典。林加拉岛的单词数量不多，且很简约。当猎人说话时，那有旋律的吸气音和急促的音节宛如某种音乐；但当泰德说出这句话时，我只听到了刺耳的声音。

一辆小货车飞驰而过，车后是十几名身穿蓝色制服坐在长椅上的武装人员。我从没去过军事活动如此公开透明的地方，无处不在的士兵并没有让我感到安全。

车窗摇下来后，泰德就像一只狗，头发被风吹起，手臂伸出，手指伸得更远，当卢西恩开着车带我们在金沙萨的车流中穿行时，他感受着微弱的微风。

“我们不可以摇下大使馆的车的车窗，”他说，“你知道的，这里的事物一旦开始崩坏，便会很快分崩离析。”

交通拥挤。我看到一辆排气管冒着烟的出租车，艰难地拖着一辆满载巨大原木的抛锚卡车。

随着我们离市中心越来越近，美好未来的愿景也越来越无处不在：广告牌上刊登着福音派牧师的广告，他们发誓要让你摆脱贫困和困苦。其他的广告牌则在宣传美白霜。金凯利牌的爱尔兰黄油广告以一片郁郁葱葱的绿色乡村为背景，一座巨大的金色楔形塔高耸在快乐的奶牛上方。在中央路口，两个数字屏幕播放着音乐录像带和广告。一周七天，一天二十四小时，一刻不歇，这在一个电力稀缺、连续停电司空见惯的地方，是非常厉害的了。

一名身穿白色夹克和高跟鞋的白人妇女沿着人行道行走。“一个目标。她是一个目标，不是吗（n'est-ce pas）？”泰德指着那个女人问卢西恩，先是用林加拉语，然后是法语，最后是英语。“她这样一个人到处走动，真是太不像话（bonne idée）了。”

卢西恩开怀大笑起来，既冷漠又顺从，泰德看起来很满意。一名男子滚着一个卡车轮胎穿过车流，另一个拿着脏抹布穿过马路，他只穿了一只人字拖。

“看看那边的医院，”泰德指着一座庞大的机构大楼说，“中国人建的 —— 五十周年纪念医院。它空置了近两年，等待物资和工作人员。就像比利时人在这里时一样，做任何事情都需要三个章和四个签名！道路也是如此。它过去 …… 你看到了吗？”他打断自己，指着一辆车身生锈的大众小巴说道。一个男人挂在后面，像牛仔竞技一样呼唤着乘客。“人们把这些巴士称为死亡之愿。”

泰德笑了笑，但很快就从注意力分散的状态中恢复过来，并继续说道：“无论如何，是的，道路也一样。路建好之后就被放任自流，等着被重新填上表面的坑洼，没有养护。附近你看到的所有拳王摩托车都是新的，车龄都在五年内。这些车便宜，产自中国，现在到处都是，它们已经彻底改变了刚果的交通模式。当然，有些好的变化。过去几乎需要一整天的时间才能沿着殖民时期老旧的四车道从机场到达市中心。但在2000年代中期，中国人来投资了，他们修建了一条横穿城市的八车道高速公路。现在这段路程只需行驶一个多小时。红绿灯系统由箭头和数字组成，是亚洲用的那种。”

泰德急切到有些浮躁地向我讲述刚果民主共和国，仿佛在向自己证明，尽管这些年来他一直躲在大使馆的围墙里，但他仍然真正体验到了真实的非洲。

我们在金沙萨大酒店开始我们的餐厅采访，那里的餐桌上铺着白色亚麻布，大多数食客都是时髦的刚果人。皮质的菜单里有羚羊肉、上校牛排和原汁猪排[①]。今天的特色菜是：来自下刚果省[②]的豪猪，售价三十五美元，配大米或富富，佐时蔬。

伊基拉·因齐亚嬷嬷餐厅（Mama Ekila Inzia）也提供野味，这家店已经提供了四十五年的野味。在库巴布[③]做的天花板下，热气腾腾的蟒蛇、鳄鱼和海龟被装在盘中摆在金萨莎当地人面前，偶尔还会有外国侨民。

在超便宜餐厅（Super Aubaine），午休时会有专业人士于室内水景的叮叮当当声响中享用自助餐。墙壁上挂满了五颜六色的画，椅子上套着艳粉色的椅套，服务员穿着黑白相间的正式制服，食物上抹满了油腻的酱汁。

菲德琳餐吧（Chez Fideline）位于酒吧二楼，面积狭小。这里的顾客们挤在四张桌子周围，而老板娘在门口做指甲。隔壁厨房发出的叮当声和蒸汽声，压倒了下面街道决堤的声响。锅

---

① 上述菜肴的原文为：Filet de Capitaine and Porc Chops au Jus。——编注

② 下刚果省（Bas-Congo）：刚果民主共和国地名，2006年后改称中刚果省。——编注

③ 库巴布（Kuba cloth）：中非库巴人制造的传统织物，由拉菲草、棕榈叶编织而成。——编注

里炖着一整只猴子。

每吃一口，食客们都会想起遥远乡村的童年时期，泥墙草棚，以及喧嚣的森林。夜晚，青蛙歌声响亮，如电流般穿透夜空。彼时空气凉爽而新鲜。孩子们衣衫褴褛，咧嘴大笑，到处撒欢。他们笑得那么轻松，简直要遭天谴，几乎称得上是一种罪愆。怀旧是一只狡猾的野兽，而回忆则是重新进行想象。

返回英国大使馆时，我们沿着刚果河一段平静的路行进。其他大使的住所都是宏伟的石膏艺术装饰建筑，随处可见的墙壁后是一排排整齐的鲜艳花朵和高大树木，建筑的出入门经过精心设计，每一个都略有不同。整片社区干净、有序、平静。人道主义在这里不必被提起。

我们送泰德下车，他邀请我参加几天后在使馆区举行的电影之夜。“这是金沙萨的最新活动。有人买了一台投影仪，他们在网球场外面放电影。进去只需要三千刚果法郎，带着身份证明就行，他们还提供热狗和爆米花。上次来了大约二十五个人。非常棒，很多有趣的人，比如来自联合国的。他们能告诉你各种各样的事情，比如无人机可以做什么，不能做什么。”

当我们离开时，我思索着在金沙萨大学看到的一张照片。它是一种光学错觉，一张生动的彩色全息图。从一个角度看，照片中是一座传统的乡村小屋；从另一个角度看，它就变成了一座粉红色的现代住宅。金沙萨，就像这张照片一样，是一张全息图，随着观看角度的变化而变化。乍一看，它就像其他所有现代化的城市一样——屏幕、交通灯、广告、糕点店、酒店和餐馆、修剪整齐的草坪以及城镇的富裕地区。再看一眼，荡然无存。

*　*　*

星期天的下午又热又闷。猎人和我去超市，我们买了金酒、姜汁汽水、黄油饼干、法国奶酪、草莓，还买了从很远的地方空运过来的新鲜青柠，带黄斑的两个十美元。随后，我们走到他朋友本（Ben）的家。

本的家有扇大门，周围是一圈高高的栅栏，还有一条长长的砖路。门口的警卫不愿意让我们进去，因为本既不在家，也没在等我们。他到上游去寻找一种长着鲨鱼般牙齿的大型淡水鱼巨狗脂鲤（*mbenga*）了，还没回来。猎人流利的林加拉语帮了大忙，最终守卫打开了大门。

本在美国国际开发署工作，多年来一直在金沙萨。他花费大约八千美元的月租金，租住在这栋殖民时期建造的房子里，这就是扭曲的外籍经济的结果。这座房子遍布华丽的装饰线条和装饰性的木质结构。厨房看起来像是20世纪70年代最后一次改建的遗留产物，当时这栋房子还是蒙博托政府的一位部长在住，奶白色的橱柜惴惴不安地挂在铰链上。

这栋房子散发着一种颓废之感，就像一张摆满了腐烂的残羹剩饭、枯萎的鲜花和融化的蜡烛的宴会桌。我们像在家里一样，把饮料倒进装有冰块的水晶玻璃杯里，把奶酪和水果拿出来放在一块木质砧板上，然后坐在外面一张铺着软垫的藤条休闲椅上，椅子中央是一张低矮的玻璃顶咖啡桌，坐在椅子上可以看到水池。一半水池笼罩在大树下的阴影下，树叶漂浮在玻璃一样光滑的水面。院子里种满了异国花朵，摆放着许多装饰石雕，它们像胆小的野生动物一样从浓密的树叶中向外张望。

我们安顿好不久，本就回来了，他全身都被晒伤了。本取下大型塑料冷却器和渔具，放在可滑动玻璃推拉门旁的一堆杂物里。“没有，什么都没抓住。”他笑着，眼睛消失在褶皱里。“但出航一天对我有好处，你决定来我家真是太好了！”

本的妻子几年前离开了他，他的日常伴侣是一只年老的、口欲滞留的巨型边境牧羊犬。她坐在他的脚边，很快进入了老年狗的睡眠状态，只有当她想要检查一下食物或交流的欲望足以克服她极度的嗜睡时，她才会偶尔激动起来。

本胖胖的，脸颊泛红，举止快活。但他的言谈举止很是奇怪，似乎多年来通过政府机构拿提成使他的心情黯然。

“你听说最近有联合国官员被抢劫的事吗？”猎人问道，“他正走着去吃饭，一些穿着警服的人开车跟在他旁边。当他走近汽车时，他们就用枪指着他，直到他交出钱包和护照。他非常害怕。”

“虽然听到这个消息我并不感到惊讶，但我敢打赌，是武装劫匪冒充的警察，这年头的标准答案。这儿不再像蒙博托时代那样安全，你可以拿着钱包到处走。”本笑着说，“当然，当时到处有人被砍断手指，他们就是借此执法的。也许这不是最合乎道德的策略，但总体而言，当时的生活环境更安全。”

“当然，过去的不稳定要糟糕得多，”猎人说，“蒙博托统治末期，街头有一群武装儿童在城里游荡。”

“是的，直到卡比拉总统（President Kabila）将他们全部围捕射杀！”

“啊，当然。”猎人说着，伸手去切一块奶酪，“其实刚果的名声与实际不符，它没那么糟糕。与拉各斯（Lagos）或内罗毕（Nairobi）相比，金沙萨要安全得多。确实，好吧，去年12月，一群武装人员在抗议政府时占领了机场、电视台和广播电台，有人惨遭杀害。但美国和欧洲也有这种可怕的暴力事件，只是我们并没有用同样的方式去谈论而已。”

边境牧羊犬手忙脚乱地动了起来，她舔了舔自己的身体，一阵兴奋后又睡着了。

“非政府组织和联合国对经济的认可使情况变得更加糟糕。”猎人继续说道，“国际投资抬高了物价，有权势的人开着装甲车到处跑。只要他们写一份报告并通过审核，就能来此拯救一个他们关心的国家。人们很快就会发现，他们也是走私象牙出境的人！联合国官员们最近也被抓到贩卖活的非洲灰鹦鹉，和最近被指控性侵当地女性的环保主义者一样。”

“哎，是啊，听起来像是他的组织考虑周到地把他赶出了这个国家？”本问道。

“是的，就是这样。这里没有正义，只有权力。”猎人回答。

我决定去游泳。听到这些人这么贬低雇佣他们的行业，真是奇怪。就好像悲观主义是完成工作的必要工具，这样他们才不会失望，事实上，他们也暗暗怀揣会被打动的可能性。你会把一个持续不断的危机叫作什么？什么时候它才不再紧迫，恢复常态？如果这场危机被简单地称为“发展”又会怎样呢？

我游到泳池边。

“那野味呢？”本笑着看着我说，“那似乎是一个很难处理且没完没了的问题。我几乎听厌了！三十年来，人们一直在斟酌和讨论野味问题。我们到底该怎么办？！”

他转向猎人，然后笑道：“我想说，是时候再喝一杯了！”

他起身，摇摇晃晃地走进灯光昏暗的客厅，拿着一个玻璃酒瓶回来。

夜幕降临，我用毛巾裹住自己，我们喝着琥珀色的苏格兰威士忌。金沙萨潮湿、污染的空气碰上石砌外屋两侧攀爬的藤蔓，慢慢侵蚀着下方的建筑。

*　*　*

在环境部（Ministry of Environment），森林署长——一名留着浓密白胡子的刚果男子，打着黑白相间的犬牙花纹领带，正在观看环法自行车赛。一台破旧的小电视放在他桌子旁边的一个架子上。他边盯着自行车看，边回答了我所有问题。

“我当然吃野味了！”他说，说时飞速地看了我一眼，没有看那个骑着自行车上山的小个子。“红肉令男人强壮且聪明。”他的声音低沉而自信，“家畜肉——白肉——不在考虑范畴。即使野味基于文化可能性存在，我们也必须监管它。白肉不属于我们的文化。”

对猎物的这种偏好是由生物学决定的，也是历史偶然的结果。野味中含有更多的蛋白质和更少的脂肪。多样的物种与多样的味道，比标准的家畜吃起来更有趣，养尊处优的家畜已经失去了风味。他们对熏制肉的渴望也是必然的，因为这一度是保存在森林中被杀死的动物的唯一途径。如今，熏肉已成为权力的象征。如果偷猎是穷人的狩猎方式，那么我们要如何命名推动偷猎的精英们的需求？我们如何区分吃黑猩猩、大猩猩和大象的腐败部长和黑手党头领？非法和合法的区别只在于谁控制着资源。就像古代的大领主，他们保护森林是为了继续享用珍贵的鹿肉，野味是地位的标志，而农民是不配吃肉的。

森林署长打电话给他的助手，让他打印出他们办公室制订中的可持续利用计划最新版，然后便转向电视。我收到了一沓厚厚的、装在蓝色文件夹中的纸。这份文件还是草稿，页面两边都有评论，像是在为未来指向。

该计划展示了该地区难以置信的野生动物（Faune Sauvage）多样性：

刚果盆地的森林中含有四百六十种爬行动物、一千种鸟类、五百五十二种已知的哺乳动物，包括五十六种灵长类动物、四十八种有蹄类动物和四十一种食肉动物；七百种鱼类与两千四百种蚂蚁和蝴蝶。加上八千种维管植物[①]。

该计划为居住在国家公园附近的人提供了增加收入来源的建议，除了野生动物副产品，还包括小规模手工艺、农业、养蜂、家禽养殖和生态旅游。生态旅游有“巨大潜力”创收，但由于“武装冲突造成的不安全”以及“基础设施的破坏”，生态旅游未能成功。页边空白处的评论写道：*此处的问题是，经济部门缺乏发展生态旅游的政治意愿（优先事项：伐木、矿井、石油）*。

我翻阅文件，很明显地看出，对野味贸易的部分担忧是害怕政府没有从这种野生动物资源利用中获利。促进生态旅游的

① 维管植物（vascular plant）：是指具有维管组织的植物，维管组织是由木质部和韧皮部组成的输导水分和营养物质，并有一定支持功能的植物组织。——编注

计划依赖于一种希冀，即活的野生动物比死的更有价值，如此一来，就有可能使当地居民改善生活条件，同时也为政府带来经济效益。如果这能奏效，它将进一步支撑保护野生动物的论点。

通过更严苛的法规认证和养殖某些物种（如麝鼠、假面野猪和蓝麂羚），创造应纳税的“合法”猎物也是获利颇丰的。然而，在一个统治挑战频发的国家，这似乎是一个很难解决的问题。经济角度也很难证明这种方式的合理性，因为盗猎者的所需成本比农民还低，对他们而言野生动物是免费的，而农民必须花费数月时间等待动物长大。此外，与不断吃食长胖然后把饲料转变为肉的家养动物不同，野生动物在蛋白质转化方面的效率不高。

“我们必须要保护森林，”森林负责主任说道，“当然了，我反对偷猎！”

但我的注意力被分散了。我在看环法自行车赛。

*　*　*

那天晚些时候，我刚刚见到杰克和帕特里斯，我的手机就响了。是猎人打来的。“你在哪里？”他急切地问。“我在办公室。”我回答。

我之前从未在猎人的声音中听到过恐惧。刚果内战期间，这个男人骑着自行车横穿全国，在最后一批医疗救援人员的帮助下才勉强撤离。但即使独特如他，也有例外时刻。他听起来很害怕。

我凝视着墙上褪色的保护海报。一张彩色的国家地图上画着大象，迷宫般的河道之上是黑猩猩。信号不畅，我听不太清他的声音。

“山上发生了枪击……*吱吱吱吱*……*啊啊啊沙沙沙*……待在那里……*沙沙沙*。”然后电话断了。

我走出大厅。消息传得很快，但没有人确切知道发生了什么。我想起了泰德上一周说的话：*这里的事物一旦开始崩坏，便会很快分崩离析。*

业务经理伊曼纽尔（Emmanuel）站在办公室外。“进来吧，我来告诉你。”

伊曼纽尔通常是办公室里最热情的人，但当我坐在他的办公桌前时，他变得严肃而阴郁。

“总统府附近的军营发生了一起枪击案，有人被杀害，这是同僚之间的一场争斗。总统卫队的双方为他们的工资是否足够、工作条件是否令人满意发生了冲突。我知道这件事是因为我侄子是军营警卫，他的表弟是医生，卫队士兵告诉了他发生了什么，他告诉了我，我才能告诉你。”

他对我微微一笑。“事情仍然不明朗，不过至少比其他流传的谣言更准确。”

我感到不安。不久之后，猎人来到办公室，带我回贝勒维度假村。街区一如往常，没有惊慌之人。

那天晚上，我们无缘无故地吵了起来，互相吐骂脏话。

“情况真的紧急到你必须来接我吗？我当时正在开会。”我一边说，一边切菜准备晚餐。

“那你为什么叫我来接你？”他一边回答，一边背对着我切胡萝卜。

“我没有。我几乎听不见你的声音，然后你就出现来抓我了。”

猎人转过身来面朝我。

“嗯，我认为你不应该这么忘恩负义。”

“我可以照顾好自己！”我说完就走了出去。

后来，又沮丧，又恐惧，又试图松口气的两个人紧张地上床睡觉，好像死亡在房间的角落里徘徊，注视着。

猎人熟睡，我还非常清醒，感觉无法相信自己的生活，无法相信这个人。我看着他熟睡的脸。他看起来老了，胡茬更白了。他脸上的皱纹越来越多，越来越深。

猎人通常很冷静。到目前为止都是。他的一生中，在自然世界中度过的时间比大多数人都要多，所以熟知大自然亲密关系中的暴力。也许是死亡的临近，迫使他无法维持冷静的这一品质——一种维持其内核稳定的硬派存在。看到他情绪激动让我心烦意乱！

我的思绪凌乱。*当时在吵什么？我们都害怕得发狂。原始、幼稚且真实。担心我们会失去彼此……因疑虑、沟通不良和失联造成的无法抑制的盛怒……想象死亡的黑洞……这种感觉在生活中很常见，但我们试图控制和远离它……也许如果我刻苦且清醒，对自己，对自己的死亡，对这种感觉，我也会更能放开去爱吧。*

当这些想法回旋时，我感觉自己像是漂浮在水面，触不到一物。我的感官太迟钝了，我一下子就体味到了一切。所有颜色都变成了白光……*如果明天就是世界末日，至少我们有今晚。*

黎明带来了爱的回忆和被滥用的时间。金沙萨像残煤一样闪闪发光。一整天，天空灰蒙，云层低矮，暴雨将至。太阳隐匿身姿，空气仍有冷意。我一整天都没有跟猎人发短信。到下午5点，天空才明朗起来。我回家的路上交通拥挤，和低闷的空气很配。一辆车灯闪烁的总统卫队摩托车转向我们前面的道路，后面跟着一辆黑色的奔驰SUV。里面是卡比拉总统，他独自一人，匆匆驶过这座城市。他有这个权利。

黄昏只是一个用来形容夜幕降临的更温柔的词语。天幕以惊人的速度变黑。

回到贝勒维度假村，灯火喧嚣。我极想洗去这几天的灰尘和积怨。为了平息猎人和我之间的小误会，我去了小区的游泳池。水的禁锢使我感到错位，一个男人用不准确的法语问我觉不觉得冷，我用不准确的法语回答他，并问道他是谁，为什么在这里。但他的身份和我的问题一样无关紧要。我们不过是来游泳的。

贝勒维度假村内有间叫作“宫殿”（Le Palais）的餐厅，位于泳池边，此刻正忙得热火朝天。银器的叮当声和阵阵笑声从第二层飘下。我从跳板上一跃而下，游了一段时间后，我去蒸桑拿，让滚烫的水滴落在我的皮肤上。人类最大的天赋和才能是我们遗忘的能力吗？我们接受了今天所拥有的枯竭的大自然就是它一直以来的样子，我们对过去的恐怖视而不见，认命于留下的事物。我们修改了底线，忘记了悲剧，重新开始。

回到公寓，我洗了个澡。猎人也进来了。他温柔而专注地给我擦肥皂，清洗我的身体。我们没有说话。他的脸现在看起来年轻且容光焕发，像山一样的嘴唇带着温柔的微笑。他的酒窝像明亮无辜的火花。在那一刻，我看到了世界崩溃的诱惑。

又一天在时间的挤压中消逝。

*　*　*

莎伦（Sharon）是我来自巴黎的世交，她是金沙萨一所大学的国际刑事司法教授，同时也是司法人权部的一名律师。她三十好几，身形苗条，有一头浓密卷曲的栗色头发，皮肤苍白，乍一看，她的模样绝并不是你想象中研究大规模暴行和酷刑的专家。

莎伦住在金萨莎最早也是最古老的刚果社区之一，五年前，那个社区还处于城镇边缘。今天，它位于不断扩大的人类住所的中间地带。电线沿着敞开的下水道延伸，*尸检帮*（*Autopsy Gang*）的涂鸦装饰着摇摇欲坠的房屋。房子建得密密麻麻，四周围绕的墙壁上插着玻璃碎片。

这里的邻里在街上聊天，他们带着彼此的孩子出去玩、讲笑话，开怀大笑。他们露天卖东西，坐在门口剃胡子、擦光头、把头发编成漂亮的辫子。这里，没有孤独这种病。

莎伦简朴的家隐于高墙后，猎人和我从一扇矮门进入一间庭院。门廊顺着房子的两侧延伸，开启法式门，一间下沉式客厅映入眼帘，里面堆满了书。莎伦收养了一个刚果孤儿，是五岁左右的小男孩。他的眼神清澈，起先有些害羞，但很快就忘记了恐惧，好奇地看着我的脸。

我们带着她的儿子以及他的朋友散步去了美术学院（Académie des Beaux Arts），这是一座由现代主义风格混凝土建筑构成的庞大建筑群，有一排排小窗户与或绿或红的几何装饰。1943年，一位比利时传教士创建该校，培养了众多国际知名的刚果艺术家。

这里荒无人烟，与我们刚刚所在的繁华街区形成了明显的对比。我们走过一间无声的印刷机室和一间雕塑工作室，里面还有等待完成的半成品作品。一个角落散落着一位工匠的梦想，有齿轮、轮子、曲柄和滑轮，金属质感、图案多样，等待着组装。一小群人在建筑物旁边的一片空地上踢足球。我们继续上山，经过一处有几个少男少女在那里调情的露天看台后，径直走向一个宽阔且长满草的四方形院子，院子周围是一圈花坛和一排雕塑。壁画点缀着周围的墙壁。

猎人和孩子们一起踢足球。看着他在这片空旷的地方，在这座悸动的城市中，我对我们的未来感到好奇，未来就像一个鬼魂，只有它离开才能知道它曾存在。

随着太阳下山，我们去寻找晚餐。狭窄的街道上人山人海，路边小摊叫卖木薯叶（pondu）和成卷的木薯糕，烛光照亮了陈列出来的新鲜水果。有个摊位撑了一把发光的遮阳伞，一打华夫饼机接在这个简陋的小摊上。每个电器都带着先前电器火灾的烟熏灼痕。我们路过推着手推车的男子，他的车上放着爆米花机，电线晃荡着，他正在寻找一个免费的摊位。没有灯光的支路上点着成排的篝火，就像是通向幸存的圣礼。

我们坐在外面的一串灯下。餐厅很忙，我们点了啤酒、鸡肉和新鲜的河鱼。我们招呼一个男孩过来，他不稳定地用头平衡着将近一百个煮鸡蛋。他把顶着的那堆纸盒放到我们的桌子上，看起来松了一口气。男孩拿着塑料袋，取出一个鸡蛋，用一把薄刃刀将其四周等分敲开，迅速且有节奏地用刀剥开蛋壳。

当他的细心工作完成后，他熟练地将鸡蛋切成两半，然后舀起一勺干干的“劈里啪啦”调味粉撒到鸡蛋中间。整个表演只花了不到一分钟的时间，随后他又回到桌子间，承受着宝贵商品带来的压力。

“街上的食物已经今非昔比了。”莎伦一边说，一边小心翼翼地吃着花生，一次一颗，好像她的手是小鸟一样。“过去，你可以买到海龟、鳄鱼；现在，你必须去一家高级餐厅才能找到它们。”

“街头食品会让你腹泻。”猎人笑着对我说，“不是因为它脏或不干净，只是里面充满了你身体还不习惯的当地细菌。如果这些食物这么糟糕，那每个人都会生病的。人们称这种病是‘旅行者腹泻’是有原因的，它只会折磨那些路过的人。”他的眼神戏谑，我却觉得很安慰，他熟记自己为我扮演的角色。

干净的叶子包着文火慢炖的河鱼，搭配洋葱、西红柿和辣椒完美煮出了一锅清冽的鱼汤。鱼的骨头都煮化了，可以整块吃掉。至于甜点，我们吃的是现烤的贝奈特饼[①]配琥珀色的森林蜂蜜，它的味道像是花蜜。

几天后，我们携莎伦共进晚餐，没带她儿子。她穿着一件灰色连衣裙，披着亮红色的披巾，脖子上挂着一串珍珠项链，

① 贝奈特饼（beignets）：一种法式无孔甜甜圈。——编注

涂了一点紫红色的口红，对我们来说有些太过优雅了 —— 猎人穿着查科牌凉鞋和卡其裤，而我穿着皱巴巴的亚麻裙。我钦佩她充沛的精力，她散发出的自决气质，她的孤独：一位单身母亲，家里堆满了书，放下终日与暴行为伴的悲伤，和儿子共同玩耍。

我们去了一家以野味闻名的餐馆，其布置使人宛如身处林中村庄。我们坐在高台上的一张桌子旁，天花板上挂着假的棕榈叶。角落里的电视播放着浮华且节奏鲜明的音乐视频，视频中充斥着飞驰的汽车、闪闪发光的珠宝和穿着比基尼的美女。餐厅里充满了笑声，在这么多开心用餐的人中，我感到很温暖。

我们点了让我难以下咽的紫黑色毛毛虫，还有鳄鱼，它们的肉又白又腥，但像兽肉一样紧实。我们还点了不知是否为合法捕猎的麂羚，麂羚肉和西红柿、香料一道慢慢烤制，尝起来又嫩又有烟熏风味，既不像野生动物的肉也不像家畜的肉。品尝时，你能感受到许多人的辛勤劳动，感受到混乱的街道和金沙萨被污染的空气。它的味道就像数百万人在战争中丧生的悲伤，就像刚果音乐悸动的节奏和刚果织物的活泼色彩。它的味道就像一片受到人类威胁的森林所散发出的凉爽、潮湿的宁静。它的味道是深切的。

每咬一口，我不仅仅是在品尝肉，而是在品尝土壤、阳光、细菌和代谢物。我正在品尝动物曾经品尝过的一切，一张我们无法复制的关系网。我吃下了瑰丽的风景。我吃下了过去。

熏制野味和假鱼子酱

让世界消失 —— 想法与细节 —— 被视作美味 —— 不明的肉 —— 最富有，最贫穷 —— 自由意志 —— 野生丝状物

我不记得自己是怎么和猎人分开的。好像一瞬间，我就到了巴黎，他不再在我身边了。“记住，没有消息就是好消息。”我离开之前他如此告诉我。他的时间是根据狩猎季节来调整的，有时可能会在森林里待上几个星期。“如果你没有听到任何关于我的消息，那就意味着我没事。”

我要怎么习惯他离我那么远，习惯和他失去联系呢？

我躺在床上看着我们曾经的短信。

我希望今天和你待在森林里，就让世界消失。

没错。偶尔消失很重要…… 小姑娘。

我在国家宪兵队环境和药物犯罪部门的总部，与副局长德福雷斯特中校（Lieutenant Colonel Deforest）进行了相当长的交流。野生动物非法交易工作的每一天一定都很漫长，或许从未有人对他的工作如此感兴趣。他有一双蓝色的眼睛，刘海很短，留着刚过了胡茬期的山羊胡。他身后的墙上挂着两把剑，文件柜上有一盏由弯曲的木头做成的灯。

庞大的贸易网将食物从非洲运送到欧洲日益增长的移民人口手中。半合法的集装箱货物定期抵达欧洲港口，里面装满了蔬菜、鱼和水果，野生猎物以一种截然不同的方式被带到欧洲。每周，来自金沙萨和其他非洲城市的航班都会装载大量的熏制肉，这些肉被塞进乘客的行李中，人工走私入境。巴黎已成为非法贸易的中心。

“我们花了很多时间去杂货店搜寻伪劣产品。”德福雷斯特说，“大多数制成品——约80%——合法，其余的标签和商标都有问题，比如法国商品的标签使用了波兰语。不算严重欺诈，但是我们有责任依法查处。这些蔬菜和水果通常是在没有卫生申报的情况下进口而来，果皮上很可能有害虫或禁用的农药残留物。”

他坐下微笑着，停顿片刻后继续说下去。他身后是一块纪念牌，宣告他是海洋美食家（Gastronomes of the Sea）和葡萄酒爱好者兄弟会（Wine Companions）的骑士，这个组织要求其成员宣誓效忠密斯卡岱（Muscadet）——一种极配海鲜的果味干白葡萄酒。

“只有部分店铺会出售野味，不是所有的，99%的交易是隐匿在后台或地下储藏室进行。多数时间按需供货，必须提前订购。肉通常利用法国航空的手提行李，通过商业航空公司运输，所以我们会针对来自非洲的某些航班进行全面的突击检查。利用手提行李运送野味的方式混淆了随机运送和更加正规的走私贩私，位处二者之间。但并没有人关心法国的野味，更别说关心野生动物了。如果有人关心，那也是因为他们担心像埃博拉这样的病原体。”

我也从其他西方人那里听说过对埃博拉的担忧，但他们的担忧似乎更多地源于恐惧而非现实。埃博拉最大的风险其实来自狩猎动物，因为猎人可以接触到病畜的血液及其他体液。如果被贩运到巴黎的肉类是生的或没有完全煮熟，则有可能携带这种疾病，有极小的感染风险。但到目前为止，还没有人以这种方式感染病毒。

“理论上，你会被判处一年监禁或罚款一万五千欧元，这是《濒危野生动植物种国际贸易公约》对非法贩运濒危物种的规定。”德福雷斯特继续解释道这项法律，“如果你参与了有组织的犯罪，那将会被判处最高七年监禁和七十五万欧元罚款。但野生动物犯罪确实不是海关的重点，他们更关心毒品、走私香烟和冒牌货。”

他把他的电脑显示器转向我。“看吧，我给你放点儿视频。对于非洲人来说，野味具有非常重要的象征意义。没错，这是传统，他们几乎可以算是虔诚了，像宗教一样。”

我们观看了镜头晃动厉害的、近期搜查机场行李的录像片段。一位女士显然很苦闷——“这是我的药”，她哭着说道。与此同时，穿着实验室服、戴着塑料手套和面罩的科学家小心翼翼地打开层层包装的黑色塑料袋、白纸和锡箔纸，里面是大块的肉。“我病了！”她一遍又一遍地喊道。一名身穿警服的男子试图让女子冷静下来。

“我们发现的可能是新鲜蜥蜴肉，肉呈红色，几乎全生，你可以看到蠕虫。”德福雷斯特告诉我，“2012年11月，戴高乐机场的防控人员发现了一整条鲜鱼，鱼眼被挖掉了，只浅浅熏烤了一下表皮。这条鱼长四英尺，宽两英尺，重十五到二十公斤。某次他们发现了一只羚羊的头，还有一次，发现了一条大象的尾巴。”

我看着屏幕上另一名身穿制服的男子，他的枪套里有枪，拍摄了从一名乘客手中没收的一堆经过熏制呈棕色的穿山甲和麝鼠。

“除了机场，我们12月还对红堡街区进行了突击检查。”德福雷斯特继续说道，“那次突击检查发现了许多公共秩序问题。

我们抵达时，有二十或二十五名妇女在人行道上排队等待购买蝙蝠，蝙蝠肉在圣诞节和复活节期间非常受欢迎。因此不难理解，所有妇女都在叫喊和哭泣，试图阻止我们没收几十公斤的野味。想象一下，如果纽约所有的火鸡在感恩节前两天被没收会怎么样。会天下大乱的！”

“你们怎么处理没收来的肉？”我问道。

“我们没收后，食品监管部门会接手。一开始只是扔掉，无非是倒洗涤剂或洗衣粉在肉上面作为销毁手段，然后把装着变性的肉的垃圾袋扔在卖野味的商店门口。后来我们听说，有人会把肉拿回去清洗，这将产生大量泡沫！所以现在食品监管部门必须采取行动，把这些肉烧毁。”

我们随后开始闲聊，德福雷斯特向我讲述了他在工作中遇到的各种贩运野生动物的情况。他解释了法国的圃鹀地下市场，这是一种小型鸣禽，阿马尼亚克地区（Armagnac）的居民会将这种禽类溺死，煮熟食用。他们会吃掉整只鸟，乃至骨头和所有内脏，而用餐者会在头上系着餐巾，这样一来，按照传统说法，他就不会因为自己的奢靡而冒犯上帝。他告诉我，在新喀里多尼亚（New Caledonia）和法属波利尼西亚（French Polynesia），当地土著以及一些法国公民会食用海龟肉。至于濒临灭绝的欧洲鳗鲡，是由组织精密的大规模偷猎者贩运的，他们通过货机将活鱼运送到中国或韩国，并非直达。他们绕道摩洛哥，这些欧洲鳗鲡会在那里育肥，直到被送回戴高乐机场。因为它们尚处于运输过程中，所以海关并不会检查这些货物。他向我讲述了黑市上的鱼子酱、中国的鱼子酱作坊、对鱼子酱商店的突击检查、用琼脂做的“鱼子酱”，以及互联网上如何充斥着假冒鱼子酱。他告诉我，法国标志性的食用蜗牛已经被过度捕捉了，这种动物已经在野外绝迹，所以人们只能从波兰或匈牙利采购这种生物。他告诉我马鹿、野鸡、西方狍和鸵鸟的农场，东欧的斑马养殖场和吃袋鼠的习俗，以及美国小龙虾是如何意外传入法国，结果使得当地河流中的淡水龙虾灭绝。因为严重的污染和沼泽干枯，当地可食用蛙几乎消失，如今99%的可食用蛙必须从土耳其或匈牙利、罗马尼亚或捷克共和国进口。他告诉我日本和法罗群岛的野蛮猎人捕杀鲸鱼和海豚，告诉我鳄鱼农场和驴肉香肠，最后我们聊到婆罗洲的可食用燕窝汤，那里最传统的部落仍然主要以坚果、水果和林中的蔬菜为食。

“我是一个疯狂的旅行者。”他说，“他们吃的这种丛林蕨类植物已经成了一种城市美食，我在古晋(Kuching)尝过。非常美味！”

我能听到我的胃在咕咕叫。该吃午饭了。

*　*　*

在战争和饥荒时期，几乎任何东西都会被吃掉。有时，这些食物会深嵌在文化中难以清除，以至于人们对它们的偏见不仅消失了，而且在未来的几代人中，他们依然十分渴望这些食物。

人们很少吃食肉动物，它们似乎有点不适合作人类的食物，但在1870年冬天，普法战争爆发，巴黎精英阶层深深地绝望了。当该市的老饕们决定扩大肉类食用范围时，他们已经被围困了九十九天。城中的驯化园（Jardin d’Acclimatation）最初是为了促进外来物种的驯化培育而建立，当中的动物被一位英国屠夫买走，然后以每磅二十五法郎的价格卖出，结果这名屠夫狠赚了一笔。至少有两头大象被杀，名为卡斯托（Castor）和波吕克斯（Pollux）。它们的象鼻被当作美味佳肴出售，每磅四十五法郎，而便宜的肉则会被做成汤。

亚历山大·埃丁纳·乔龙[①]在比邻餐厅（Voisin）举办了圣诞午夜晚餐会，这是一家位于圣奥诺雷街的著名餐厅，晚宴菜单包括*鼠肉夹猫肉*、*砂锅羚羊肉糜*、*大象清汤*、*水果配烤骆驼肉*、*带馅驴头和炖袋鼠肉*。[②]这顿盛宴得配上一块美味的格鲁耶尔奶酪（Gruyère cheese）和一瓶1827年的波尔图葡萄酒（Grand

① 亚历山大·埃丁纳·乔龙（Alexandre Étienne Choron）：法国厨师，在1870年普鲁士围攻巴黎期间，他从驯化园购买动物制成豪华餐点，成为传奇人物。——编注

② 上述餐品的原文为：Cat Flanked by Rats，Terrine of Antelope，Elephant Consommé，Roast Camel with Fruit，Stuffed Donkey Head, and Kangaroo Stew。——编注

Porto）才算完成。

战争期间，饥饿导致巴黎人至少吃了七万匹马。战后，由于人们依然想吃马肉，所以在接下来的一百年里，马肉成为肉铺的主打产品，许多食品杂货店里都能找到。

*　*　*

下午，我参观了法医昆虫学实验室，执法部门没收了走私的野味后，分析肉类的科学家就在这里办公。我希望收集更多他们已经发现的动物种类的信息。

入口走廊挂满了血迹和溅射物的照片，还有成排的装满骨头的玻璃盒。沃克莱恩·鲍丁（Voclain Baudin）负责为野生动物犯罪调查做基因研究，他的电脑两侧贴满了便利贴。

鲍丁身形瘦长且与人为善，他的脖子很长，头发夹杂着些许灰白。他不像德福雷斯特那样充满活力，说话拐弯抹角，像只昆虫一样左右摇摆。他一开口，就用拉丁语说出了物种的名字。

“事实上，刑事调查仅在过去三年里如此关注非人类的DNA。生命条码项目[①]让我们能够开展这项工作。”他说，“我们一直与国家自然历史博物馆（National Museum of Natural History）合作。我们尽可能在贴近骨头、最血腥的部位采集肉类样本，

① 生命条码项目（The Barcode of Life project）：该项目旨在从所有生命物种的凭证标本中创建公共参考序列集。——编注

DNA 可能会因熏制过程而受损，或者因为肉类太干而无法获得好结果。我们采集的样本中约有三分之一无法识别。某些情况是因为它们与数据中的任何物种都不匹配；另外一些情况，可能是肉已经腐烂了，DNA 被降解得太过。”

他继续说道：“在一次有针对性的旅客行李搜索中，我们发现了十个物种和一只大象的象鼻。在另一次为期十天的突击检查中，我们每天从来自刚果（金）、刚果（布）和喀麦隆的飞机中抽取一架进行检查，结果发现了三吨重的蔬菜和鱼，以及数公斤野味！你站在行李中就能闻到它的味道。讲真，数量和品种数都太多了。二十个物种啊！大老鼠。五种猴子。熏制干蛇。一只鼹鼠。我们还发现了刚宰杀不久、已经开始腐烂的蝙蝠，是果蝠。我们经常在这种肉里发现大量的圆皮蠹（*Anthrenus africanus*）。鳄鱼。一只刚宰杀的蜥蜴。穿山甲。八种被列入《濒危野生动植物种国际贸易公约》濒危动物名录中的动物。我们没收了一只蝙蝠，当时它还是身份不明的物种，现在被称为黄毛果蝠（*Eidolon helium*）。早些时候的另一次行动，他们发现了一条长六英尺半的鳄鱼！”

鲍丁拿出一个活页夹，上面有样本结果和物种的图像。

“有树穿山甲（*Manis tricuspis*），那只是刚宰杀的，嗯，不是冷冻的。还有经常发现于喀麦隆的大藤鼠（*Thryonomys swinderianus*）。带树叶的塑料袋。蚂蚁！蟒蛇！”

他转向一张显示着棕色肿块的图片。

“那只光看一眼就知道身份不明。大多是熏制野味，有些已经发霉或长满了蛆虫。当然，主要的问题是疾病，你知道的，埃博拉，还有食品不卫生的情况。我们没收了三十多公斤运往巴黎和伦敦商店的货物，一只穿山甲值一百欧元。我记得有一个看起来十分和善的年轻女人，她运送的肉就用透明塑料袋装着，数量多到可以铺满一整张桌子。她可是携带了大量金额极高的非法物品！”

他给我看了很多小动物尸体的照片，野猪身上的矢状伤口，用不明品种的肉做的烤串，然后是机场设置的犯罪现场照片：一个小房间用来取样，另一间里面有一台大冰箱。科学家们戴着蓝绿色的手套，将 DNA 样本放入塑料管中。

他安静了一会儿。维瓦尔第（Vivaldi）[①]在他的电脑扬声器中轻声演奏。“你喜欢隐生动物学（cryptozoology）吗？有一项非常有趣的、关于大脚怪的潜在遗传学的科学研究……”

当他开始在电脑上搜索这篇文章时，他的声音越来越小。房间里排列着黑色、灰色和红色的金属文件柜，每个文件柜都有许多薄薄的抽屉。他发现我在看它们。

“我的爱好是收集蝴蝶。”他指着柜子说，“那里有大约一百

---

① 此处或指安东尼奥·卢奇奥·维瓦尔第（Antonio Lucio Vivaldi），天主教神父、意大利作曲家、小提琴演奏家。—— 编注

箱标本。我经常去南美洲。我已经发现了二十五到三十种新品种的蝴蝶。灯蛾（*Arctiidae*）有橙色和奶油色的生殖器。真漂亮……”

第二天，我在位于巴黎郊区、住着大量非洲侨民的红堡社区（Château Rouge）食品市场闲逛。*刚果是世界上最富裕却也最贫穷的国家*。那句话的某些含义一直在我的脑海中回响。商店外的街道，此处的市场和我在金沙萨去的一样充满活力。几个妇女推着装满玉米的购物车，金属烤架里装满了木炭，可以当场烤玉米。女人们在人行道上排着队，或蹲或坐在小凳子上。他们来自许多不同的国家，塞内加尔、几内亚、喀麦隆和刚果民主共和国。他们正在用林加拉语这种共通的贸易语言聊天，试图在同质产品上以更优的价格胜出。碳煎小鱼串——十欧元。一袋毛毛虫——五欧元。紫色的水果——一欧元五个，两欧元十二个。非洲木薯糕——一点五欧元。非洲木薯糕——五欧元四个。非洲木薯糕——一欧元。

这些妇女把自己的货物放在方形的粗麻布上，当市场警察过来时，她们能轻易地提起麻布四个角，塞进一个临时的袋子里，这种当街售卖的行为是违法的。市场里到处都是小心假冒商品的警告声。我走进一家肉铺，柜台前很是忙碌。墙上贴着一张刚果的宗教先知姆富穆·金班古（Mfumu Kimbangu）[①] 肖像的剪报，他以反对不公而闻名。轮到我的时候，柜台后面那个面带微笑的美人说没有，她不卖野味。当她说话的时候，她的目光已经移到了下一位顾客身上，双手举起，递过一包鸡肉和香肠。

我发现自己很难在市场上采访刚果女性，大多数人都拒绝与我交谈，后来我通过电话联系上了弗雷德里克（Frédéric）。我在他那狭小到只有两间房的非营利组织总部见到了他，他的组织致力于阻止艾滋病毒的传播。他同意告诉我作为一名侨民吃野味的经历。

当我到达的时候，弗雷德里克坐在一张几乎占满整个房间的会议桌旁。一些行李箱靠着墙。他身形瘦削且秃顶，但五官精致。20世纪70年代，他从刚果民主共和国来到巴黎，那时他才刚刚二十多岁，还是一个理想主义者。他告诉我，要想保持野味有益身心的作用，就要通过烟熏的方式来保存它们，知道肉的来源很重要，尽管他也承认自己在巴黎购买的东西很可能来自刚果民主共和国或刚果盆地的其他国家。

弗雷德里克的妻子会在有庆祝的理由时烹饪野味。我们怎

---

① 姆富穆·金班古（Mfumu Kimbangu）：或指西蒙·基班古（Simon Kimbangu），他创立了基督教新宗教运动金班古主义，该教派在2021年1月被世界基督教协会撤销了资格。—— 编注

能想象出，更富裕的生活却让人更常食用野味？就像是工作日的晚餐有鱼子酱和龙虾。管控越来越严，他的家人不再会冒险把野味带到这里。弗雷德里克认为，来自非洲的野生肉类令人担忧，部分原因是当地的贸易难以监管，但主要原因是那里的肉常常不知道来源。

白人和刚果人对野味的看法完全不同。白人告诉我这很不卫生。埃博拉被视为来自森林的恐怖主义，是一种搭上贸易网和移民便车的病毒。而刚果人告诉我野味更加卫生，是一种健康的源头，蛆虫的存在表明肉里没有掺杂化学物质。谁的认知是对的？

偶尔拆析一下我们自己的现实很重要，去了解一些你熟悉事物之外的新颖之物。困难是如何用惊人的新知识重构世界，用智慧的共存而不是一系列的信仰来重塑现实。

人类永远都是猎人。但如今我们与自然更为紧密，紧邻着经历了毁灭性森林砍伐的、破碎的生态系统。患病和不安的动物处于人与森林的交界处，它们促进了新疾病的出现。我们将疾病传染给动物，然后病毒发生改变，并以新的人畜共患病的形式传染回我们。

这当然也会发生在家养和工业化的牧场中，猪流感和禽流感是两个最突出的例子。在美国，人们担心发生在鹿身上的慢性消耗病，这种病会影响牲畜。我们为什么认为野味更危险呢？

也许最简单的解释或许正是种族主义。

*　*　*

那天晚上，我躺在床上，用粗体字，一字一顿在笔记本上写下：*我一见到他就知道我已经失去了他*。

我放下笔记本，给猎人发短信。

晚安，爱人，我写道。

我还会再见到他吗？遇见猎人的感觉并不像命中注定，更像是河流的流动。而河流注定要流动。它的通常路线众所周知：从高海拔到大海，从小溪到大河，从过去到现在。可它仍然是不可预测的，受制于内部的压力和变化无常，因此它可能会涌上河岸，越过边界，并以意想不到的轻易找到新的方向。突然受制于命运之下，我们才能窥见自由意志。

我的电话响了。

小姑娘，晚安。捧着你的脸吻你。他回答道。

我迷迷糊糊地睡去，知道我们会再次在一起。

*　*　*

随着野味从饮食、从森林中消失，重要的文化可能性也随之消失。我们失去了人类与非人类世界之间古老而深厚的关系。猎人们传承着有关森林的详尽知识，野味厨师进行烹饪发明，我们生活各方面的日益标准化和规范化，使我们的未来不再具有显著差异。生活日益寡淡无味。

我到底还有可能完全理解咬一口水牛或熏制的野羚羊带来的快乐和一连串的回忆吗？

当一家人回乡下探亲，带着城里的产品，带着用牛皮纸包裹并用绳子扎起的野味礼物回家时，一段非常深刻的生态历史就这么被传播下去。市场中的女性、餐馆、偷猎者、猎人、自然保护主义者、公园管理员和科学家以及军队都被野味这根细丝缠绕在一起。

想象一下，每一块肉都沿着这条贸易链被转移，设想它们根本不是肉，而是活生生的动物；想象一下，这条路上的每一步，动物顿时会像涨潮时的激流一样从森林中涌出！每一次动物被交到新的手中，都会出现一个新的旋涡，一种瞬间的形态，一点的暂时变化，每一步我们都会被营养物质的循环包围。我们粉碎了古老的土壤和无限的阳光，它们现在化作死去动物的血肉，它们跨越时空，在己身的棱镜中重新组合。

第三部分

盛宴与饥荒的季节

驼鹿肉佐奶油汁炖鸡油菌

传闻中的熊 —— 漆黑黑湖的黎明 —— 工作地区 —— 他的经验范围 —— 怀旧的尘埃 —— 美德与邪恶 —— 驼鹿肉汉堡 —— 屠宰的注意事项 —— 生命极短之物 —— 无拘无束

这是我在瑞典北部森林的第三天，我看到了黑熊。她面色红润，皮毛浓密，披荆斩棘地跑向山下的小溪安全地。当她从我身边跑过时，我能听到她怒发冲冠的声音。

我独自待在猎人的遮蔽小屋里，它坐落在一块长满苔藓的花岗岩巨石上。猎人在寻找一只受伤的驼鹿时把我独自留在了这儿。

我面前的广阔视野，到处都是被砍断的树木，散落在闪闪发光的树桩间。杨树幼苗从残叶断枝中长出，小小的胖鸟在杂乱的林地间跳来跳去，采摘低矮灌木中的蓝莓。我身后，麦田的残茬随着秋季凋零变得金黄。

我用未修剪的树枝粗糙地做了个瞭望台。曾经用作简易天花板的淡蓝色塑料防水布已经退化为吵闹的飘带，阳光和雨水透过快速移动的云层洒下。这是一个观察驼鹿的好地方，它们会从我左边的山上跑到下面的山谷里。

当熊从山顶上的树林中受惊跑出来时，太阳于天空低垂，我正阅读博尔赫斯（Borges）[①] 的作品，试图通过他接连不断的镜子隐喻努力保持清醒。面对突然出现的动物，我的身体反应比大脑快得多，而这头野兽会带来的死亡景象让我气血上涌。我静静地坐着，试着放慢呼吸。我离田野有两分钟的步行路程。我几乎可以看到河对岸的房子。我听到过往的汽车声。我感到害怕。

我检查了一下自己的午餐：厚切猪肉块、烧焦的热狗、几根冰凉的粉色香肠。如果熊又跑回来，我就把所有东西都扔给她。

下午晚些时候，我回到畜棚。老人们停下了手中的屠宰工作休息，他们聚在一起讨论我的运气。他们穿着狩猎装——橙色帽子配迷彩夹克和厚橡胶靴，时尚新颖，既不会花哨到让人觉得他们自傲，也不会干净到工作后还一尘不染。有些人喝黑咖啡，舌尖上放一块糖，咖啡入口就变得甜滋滋的，他们的玩笑也像咖啡一样，极苦又极甜。他们有些扭捏地冲我露齿而笑，

① 指豪尔赫·路易斯·博尔赫斯（1899—1986），阿根廷诗人、小说家、评论家、翻译家，西班牙语文学大师。——编注

随后挤向我。

有个蓄着花白胡子的矮小胖子，穿着橙色吊带衫、抽着一支雪茄，一笑就露出龅牙，当他说话时，嘴里不断吐出单词，就像在吐种子一样。“是的，我们听说过有只大熊在山上到处游荡。但到目前为止，还没有人见过它。能看到这只熊（*Björn*）代表运气很好。”他带着一种身处自己领地的权威感盘问着我，那可笑的小雪茄随着他的动作在空中一抖一抖，很有分量似的。“我们要给你带条新裤子吗？你一定吓尿了吧？”他说，“但猎人在哪里？他让你一个人待着？和熊（*Björn*）在一起？”

男人们继续抛出他们的笑话，我们都笑了。

*　*　*

成为猎人代表追逐光明。我们在黎明时分徒步进入山中，沿着一条两侧慢慢长满了新树的旧时伐木路走。前几天一直下雨，坐着看驼鹿很不舒服，今天则有望雨停。外面仍然很黑，薄雾笼罩着高高的欧洲赤松尖，性状处于冰晶和露水之间。猎人走在我前面。他的鞋带没有系，这是一个日出前匆忙出门时被遗忘的细节。我们没有说话。

我已经好几个月没见到他了。他几乎每年狩猎季都会回瑞典老家，当他邀请我一起去时，我很高兴。这是再次见到他的机会。为了更好地理解他，在这个新的环境中，我沉浸地感受着被编织进他生命中的传统。为了更好地了解自己，我通过猎杀野生动物来获取食物。

在深秋，北方森林展现出凋零季节的美丽。布满鹿蕊的石板上，小叶蔓越莓涨红了脸。纸桦树掉下一片片银色的树皮。越橘灌木骄傲地展示着一串串酸味的水果，这种水果最好在霜冻的第一晚就采摘下来，那时的它们会因苯甲酸和最后留存的一些夏储糖分而表皮富有光泽。云杉从针叶中吸取能量，并将其储存在根部，以备未来漫长的寒冷。它们的树枝上挂着如鼠尾草般灰绿色的松萝穗，等待着冬天降临。

我们一直追踪的轮胎印记消失在一片海绵状的沼泽中，一片如帚石楠的海草林。小山上每一处微陷的洼地里都有积水。我们走过红褐色的灰藓地毯，上面点缀着新长出的翠绿色玫瑰花丛，和枯萎的孢子囊的纤弱灰茎。

这里不会记住我们太久。我们的靴子陷进了大地。地面弹回，擦除了我们的痕迹。

我们来到一个因背阴而漆黑的湖面。加拿大鹅在蔚蓝的水面上嘶叫着，几只松鸡发出刺耳的叫声作回应。啄木鸟敲打着松树。薄雾从对岸森林密布的山坡上渗下来。

一间破旧的遮蔽小屋藏在岸边的灌木丛中。这让我想起了小时候，我用从院子里捡来的零碎杂物建造的堡垒。这间通风的小屋由废木材和布满地衣的原木建成，两侧覆盖着破旧的网。

遮蔽小屋的屋后放了一张简陋的木凳，门口的角落放着一只老式的金属桶式加热炉，上面有凹凸不平的管子和一扇生锈变形的门。头顶的树木洒下露珠，啪嗒啪嗒地落在绿色的防水布屋顶上，像是一首断断续续、迎接温暖早晨的圣歌。

我们在低矮的棚屋里俯下身，缓慢而小心地做着准备工作。即使时间还早，在长时间的静坐之前，我们要抑制自己可能不小心带着补给进入树林的任何疯狂倾向。

猎人一边打开他的油蜡帆布背包，一边仔细思考着宗教仪式。他的包用了好些年，边缘都有了磨损。他解开枪，轻轻地放在板凳上。枪托由深色木材制成，雕刻了复杂的几何图案。接下来是一瓶热蓝莓茶。再来是一杯咖啡。收音机和 GPS 接收器。另外的保暖衣物。他拿出每件物品都像拿出他的枪一样虔诚。他拿出一盒大口径的步枪子弹 —— 这种子弹被设计得自重较大，撞击时会向外膨胀 —— 放在我们的午餐旁边。

我脱掉笨重的迷彩服和狩猎裤，好在我的长款内衣外再穿几件衣服 —— 一件深红色的羊毛衫、两件厚羊毛毛衣和一件厚重的天鹅绒夹克，又套上一条厚厚的羊毛紧身裤。一顶羊毛的巴拉克拉法帽[①]、一顶橙色的羊毛衬里帽子、一条薄围巾和一条大格纹围巾。红蓝相间的针织护腕，然后是针针细致的黄色连

① 巴拉克拉法帽（Balaclava）：一种几乎完全围住头和脖子的羊毛兜帽，仅露双眼，有的也露鼻子。

指手套，这两样都是猎人母亲手工制作的礼物，两层手套之上，又是一双厚厚的手掌部位是皮革的连指手套。我的手脚冻僵了。随着太阳升起，树梢变成了橙色。

在一个隐蔽的地方，我们准备好行动，保持着无限警惕，开始了漫长而缓慢的等待。今晨的第一缕阳光令我们眼前一亮。我全身一阵颤抖。

* * *

与作为我们大部分肉类来源的工业饲养场相比，这片土地显然没有受到污染。但它也并不是荒野。这是一片*劳动土地*，由人类的双手创造，一片不是为了观察而是为了劳动的土地。这片土地被用作木材林和农田，因此，在某种程度上，它也被用于养殖驼鹿。

对我来说，驼鹿是一种奇怪的动物，是一种怪异而反常的自然产物。长鼻子；短尾巴；白而瘦长的腿和呈八字形的脚，踢起来非常有力，但其实是为小心翼翼地在沼泽中行走；像放大版兔子一样毛茸茸的耳朵；突出的眼睛；垂在下巴下面的松弛肉柱，以及用来吃嫩花絮和睡莲叶子的大舌头。体型最大的成年驼鹿将近十英尺高。雄性驼鹿弯曲的鹿角看起来像是硬木，可以长到六英尺宽，每年冬天的交配季节后都会脱落。但是对于那些从小就打猎，现在又把这种生活方式教给自己孩子的男人和女人来说，每一种动物都应该长得像驼鹿。

驼鹿在初秋发情，直到第二年5月末才会生下孩子，它们的妊娠期比人类长一周。驼鹿幼崽出生时皮肤微红且毛茸茸的，体重约三十磅，要依靠母亲的保护直到第二年5月。尽管它们要吃六个多月的奶，但小驼鹿在出生后的几周内就开始尝试不同的植物了，啃一口柳枝或杨树、一簇草，或是一片花楸的叶子。到7月末，它们已经吃下了大量的植被，尤其是云杉幼苗和松树的芽和嫩枝。等到了出生后的第一个冬天，一头健康的小驼鹿将重达三百磅。

狼是驼鹿的天敌，往往会将驼鹿种群最弱的个体剔除。一支狼家族一年可以杀死一百二十只驼鹿。但在瑞典，自14世纪以来，狼一直是人类消灭的目标，当时马格鲁斯·埃里克森国王（Magnus Eriksson）和巴伐利亚的克里斯托弗国王（Christopher of Bavaria）宣布杀死狼是公民的义务，狼被视为对人和牲畜的威胁。在罚款的处罚下，除教区牧师和无土地的妇女外，所有人都被要求参与猎狼活动。接下来的几个世纪，狼的数量大量减少。

19世纪，瑞典的森林依然被当作放牧牲畜和收集柴火的公共空间。当地人采集野生植物来酿造啤酒和烈酒，还会咀嚼云杉树脂当作一种提神的口香糖。在食物匮乏的时期，人们晾干松树的内果皮，碾磨成粉，然后与黑麦粉或燕麦粉一道揉捏，制成口感粗糙的面包。

第一次世界大战后，出口木材、木炭和纸浆的需求增加。作为欧洲主要的树木供应国，瑞典和芬兰成立了一个联合的出口企业联盟，规定出口商品的价格和数量，并捍卫自己的立场，防止廉价木材从苏联广袤的森林中流出。

到了20世纪40年代初，人们开始担心这两个国家剩余木材的低储量。为了弥补树木短缺，瑞典采用了科学林业的方法。接下来的五十年，瑞典的森林被砍伐、排水、焚烧、喷洒除草剂，土地被翻松，露出落叶层下的矿物土壤，然后撒上氮肥，并种植了新的甚至有些年头的欧洲赤松和挪威云杉。

随着狼的数量急剧减少，每一个新种植的木材林都为驼鹿幼崽提供了充足的嫩芽和花蕾，驼鹿的数量急剧增加。这些动物的食欲对树木作物造成了严重损害，导致许多幼苗死亡，幸存的幼苗也发育迟缓。到了20世纪80年代，驼鹿数量已经多到瑞典森林局需要寻求猎人的帮助来控制这种害兽。由于几乎没有法律来管理狩猎，一些人每年会射杀八百至两千只驼鹿。

现在，瑞典严格控制狩猎行为，每个省都会根据相应的林业区和当地猎人的意见来设定自己的限捕量。为了参与捕猎，每个猎人必须拥有一定数量的私人林地财产，但也有些人为了加入社区的狩猎队，向森林所有者支付了一点“租金”租了一些土地。他们通过抽签决定每个人在集体捕猎时的狩猎区域。有一条规定是每人一次最多只能射杀一头驼鹿，以防没有杀死第一只驼鹿，它逃跑后遭受痛苦。在瑞典各地，为了保证驼鹿数量的平衡，每年有八万至十万只驼鹿被捕杀，这个数量是该国总人口的三分之一。

*　*　*

猎人的身体像小伙子一般柔软，在刚果，他显露出一种青春不老的气质。当我回忆我们第一天在雨林边缘见面，他是什么模样的时候，每次回忆中却不尽相同，好像他的脸会根据记忆和占领我思绪的心情而改变。

但几个月后的今天早上，在另一个大洲，他的面容显露出了他的饱经沧桑。我被他灰白的胡茬和前额上深深的皱纹吓了一跳，不知道他们怎么会属于这个忘记系鞋带的人。

在我们分开的时候，他给我寄了很多甜蜜的信。*晚安，亲爱的。我希望我可以梦见你，这样我就可以睡个好觉。想你在我身边。*随后信件中断，他会消失一段时间。我一直在努力适应这种反复无常，适应它给我带来的矛盾心理。

我蜷缩在他的温暖中，像是在刺骨的寒意和枯燥的等待中的喘息。我不确定这种舒适感是不是互相的。没有我的陪伴，他也曾多次在这里狩猎。我们好几个小时都没有说话，甚至低语都没有。但我不介意。能再次待在他身边就够了。

猎人在刚果民主共和国的童年要求他必须掌握一项能力，那就是把握陌生的领土。当他还是一个六七岁的男孩时，他和一个朋友沿着一条连接了他们二人的村庄且没有灯光的雨林小路走。在看不见的夜行动物发出的低沉声音中，他们独自走了一个小时。征服了这段阴暗的旅程后，他再也不怕黑了。

他学会了说当地人的语言，学会了用弓箭狩猎，学会了用手吃富富，学会了赤脚赤膊骑摩托车。但即使他在森林里如鱼得水，他仍然是白人，而他的同伴们是黑人。

在回瑞典的休假旅行中，他试图忘掉所有东西，试图用地铁电车和杂货店的经历来代替林中的经历，他对周围和他拥有一样皮肤颜色和蓝眼睛的人感到新奇，他想弄明白这种新奇感。他学会了适应这些半居住式世界的不稳定，随着时间的推移，他总是觉得没有归属感。只有未知才令他感到惬意。

多年前，猎人搬到斯德哥尔摩上大学，他暗暗发誓：他永远不会跑着去赶火车。过着被别人的日程安排所束缚的生活，对他来说毫无意义，相反，他想拥抱所有自发的无限可能。他拒绝任由时间的制度淹没自己的自由，这些小小的抗议时刻形成了一种持久的抵制。他的生活从不匆忙。

我，也尝试过这样的生活。也许这就是为什么我觉得他可以懂我并且接受我。这是我从未在其他人身上发现的一种在场体验。对所有事情发生时机的一种信任。我们歌颂各自的独立性，如此一来，回归彼此就是感激下的欣慰，而不是面对熟悉之人的懒惰默许。

在这儿，在森林里，我们靠大自然的时钟生活。

当太阳升到树顶时，我们吃着冷盘肉片和加了黄油的黑麦三明治，从纸杯里啜着热蓝莓茶。那是我循环中的思绪欣然接受的小憩。

我凝视着森林。每一阵风吹来，模糊的植物模样便幻化为移动中的动物，如同一群幽灵在树林中狂奔。

*　*　*

步枪发出的清脆枪响，像放大了一万倍的有人潜入深水的声音。驼鹿被击中了，但他没有倒下。他抽搐着向前跑，逃到了昏暗的森林里。我们在遮蔽小屋中等待，感官能够敏锐地察觉到树枝发出的嘎吱声。我们左边的树有动静。

光线冰冷而赤裸裸。

几分钟后，驼鹿又回来了。鲜血从他的鼻子和嘴里涌出。像一个戴着镣铐的人一样走向处决——斗争消失了，在他面前只有最后的死亡。驼鹿慷慨地顺从命运，虽不情愿，却也把自己当成一份礼物送给了我们。

猎人再次开枪，子弹击穿耳朵下方，射进头里。驼鹿立刻倒下，一动不动。片刻后，他的后腿蹬了一下，躯干有点摇晃，仿佛因致命的悲哀而颤抖，这只动物已经死亡，但在最后一次呼吸的前几秒，他的身体还打算释放已经无用的神经信号。

当我看着驼鹿死去时，我的情绪在兴奋和恐惧之间摇摆。我以前从未狩猎过，也从未见过这么大的野生动物死去。尽管如此，我还是有一种非常熟悉的感觉，一种恰好超出我记忆范围的、尚未完全形成的感觉，如埋藏在我 DNA 传承中一段经历的旧尘。我想要亲吻猎人，现在，此时此刻，想要承认我们在一起，想要以某种方式延缓时间，飘浮在浩瀚无垠的万物中，但我和他都一动也没动。

仅需死亡的几分钟，一只动物就变成了一具尸体。这不仅仅是语义问题，它的身体发生了明显的变化。它越过了某个门槛，活的野兽变成了无生命的肉、皮肤、毛发、肌肉、组织和血液。

但此时此刻，没有时间思考死亡的动物，也没有时间考虑死亡的重量了。任何喜悦、悲伤或痛苦都必须被忽视。思绪转向实际问题。

我们需要在驼鹿的余温毁掉他的肉身之前迅速把他的内脏取出。

猎人看起来很紧张。

“你不想这么做？”我天真地问。

“不是，但很费劲。”他回答，然后我意识到，虽然这对我来说是一个冒险时刻，但他的自然经历，他对自然的深入了解，会让他很辛苦。没有遗憾，也没有胜利。只剩工作要完成。

我们猎到的这头驼鹿三到四岁，是一只强壮的雄性驼鹿，他的颈脊处有十五个点，左边七个，右边八个。他看起来像是他生活过的森林。鹿角呈深金色，带着些浅绿色的瑕疵，像深秋的地衣。他的脖子很粗，结实的横纹肌纤维支撑着这么大的鹿角。他身上长满了令他皮肤溃疡的肿物，就像蘑菇般生长在厚厚的、挂着小水珠的黑褐色皮毛之间。他的眼睛是凸出来的。他嘴周围的血已经凝固变黑了。

猎人拿出了他用兽骨和黄铜手工制作的猎刀，放在了驼鹿腹部厚而有弹性的皮上。他小心地不刺破内脏，因为内脏会溢出有毒的胃液，令动物无法食用。他熟练地向上划去，刀身直指天空。

我向后拉扯着驼鹿的皮，用力推开一条前腿，好进一步打开他的腹部。猎人把手伸进体腔，经过一些努力，小心地切断了驼鹿后背的组织。他取出了球根状的胃，然后是暗色的肝脏和绵延的肠。他把冒着热气的内脏扔到冰冷的空中，掉落到松软的林地上。几个季度后，它们会和其他的尸体残渣混合，重新融入这只驼鹿生活和死亡的生态系统。

当我们剖开驼鹿的胸膛时，会有短暂的咯咯声，一种轻微的气体喷射——伴随嗤的一声，机械性而非生物性地释出，这是动物死亡后体内压力积聚的迹象。我们的解剖越深入，气味就越浓烈。这股味道有点像家牛和土壤，但大部分都是带着泥土气息的沼泽的味道，仿佛随着每一次呼吸，驼鹿的肌肉都要吸取森林的香味作为一种生命力，现在随着这些最后的吐息，这些垂死的叹息，气味又回到了它的发源地。

猎人的肘部都是血。他站在空洞的胸腔上方。驼鹿的胸腔足够大，我甚至可以爬进去躲起来。大量鲜血让我震惊不已，闪闪发光的红色液体和泡沫流淌。第一枪正好击中了驼鹿的肩胛下方，然后直接穿过肺部。这意味着血液从他的头骨流出，进入肺部，肺部就再也不能供氧了。

当我们听到远处的枪声和无线电里的絮叨声时，已经几乎快要把驼鹿的内脏清空了。一头被附近其他猎人追赶着的年幼公牛在向我们靠近。我们回到遮蔽小屋，在桶里生火。我们把热狗沿直线方向切开，然后放在火上烤。热狗的末端卷曲起来，肠衣收缩，内馅爆开。它们又烫又脆又油润，人间美味。我们喝了咖啡，又喝了更多的蓝莓茶。我吃了一根糖棒。猎人吃了边缘呈褐色、被切成圆形的烤香肠。

不到一小时，乌鸦就发现了我们。它们栖息在高高的树上闲聊。有时，新鲜腐肉带来的刺激是压倒性的，它们会在尸体上方飞行和盘旋。盘旋是某种信号。然后更多的鸟来了。他们向铿锵的湖水唱起了死亡的悼歌。

我们燃起大火，再次静坐。小虫子在尸体上嗡嗡作响。驼鹿的前蹄在鹿角后面，因尸僵而僵硬地立在头部上方，好像他的背上有一只顽皮的狗。他身边放置着的肿胀的肠和胃变得又肿又硬。

过了一段时间，一名男子开着一辆全地形车来到这里，用一辆塑料雪橇把驼鹿拉出了森林。在我们离开之前，我为死去的驼鹿做了一个祭坛，就像小时候父母教我的那样，每当我们在新墨西哥州的旱谷里遇到死去的野生动物时，我们都会这么做。在驼鹿死亡时的红色苔藓附近，我将一束花、弯曲的树枝、卷曲的叶子和光滑的石头靠上一个腐烂的树桩，令它们小心地保持平衡。

我们撕开了此地的寂静，试图拉出一头重达八百磅的猎物，大块的黑色泥土被炖成褐色的汤，粉色和金黄色的莎草被压平。泥土将留下我们行动的印记。它将带着伤疤面对冬天。

* * *

回到畜棚，夕阳渐渐消失在一座郁郁葱葱的小山后。树枝间的剪影比树木间更为明显，是一团深紫绿色的阴影。东边，一座饰有白边的红色农舍在夕阳下闪闪发光。它离这里有一段距离，一部分被蓬乱草地上的暗淡彩虹遮住了。

一群男人在畜棚里拆解一只母驼鹿的尸体，他们放下手中的活儿，聚集在院子里。有些人开液压驱动的路虎揽胜或大型卡车。有些倒霉蛋从捷克共和国开着锡罐汽车来。他们中最自卑的人说不出什么好话，总扫别人的兴。他会说，“啊，也不是一只多大的驼鹿”，或者是“啊，你的枪法没那么好”。

他们嚼着烟草，把从一头死驼鹿尸体上取出的一颗废子弹传来传去。子弹有些变形，看起来有些不同寻常，就像一个光滑的蘑菇扭动钻出大地一样。保留这种扭曲的金属子弹，特别是被留在不要的驼鹿头旁边的子弹，意味着给杀手带来繁荣。

与此同时，另一只驼鹿和我们的驼鹿同时抵达。他的嘴巴张开，舌头垂了下来。尸僵让这具尸体看起来像是一位垫脚舞蹈的、优雅的芭蕾舞女，宛如他在单脚尖旋转中死去。猎人最好的朋友托比亚斯（Tobias）射杀了这只年轻的雄鹿。他头上的毛茸茸小凸起是还没长出来的角，他不会超过六个月大。当雄鹿倒下时，他被夹在两块岩石之间。

托比亚斯给他的猎狗们都取了瑞典足球运动员的名字。其中一只叫兹拉坦（Zlatan），这是兹拉坦经过一年多的严格训练后首次成功捕杀猎物。带着狗去打猎是一种古老的技艺，世界各地都有自己的狩猎风格和品种偏好。当一只训练有素的猎犬发现动物气味时，她下压的身体平得像台面，她光亮的尾巴会变得僵直，头部朝前，旋即跑向猎物，一路追赶。猎犬将驼鹿赶出树林，赶向在遮蔽小屋里等待的猎人。如果猎犬遇到一只驼鹿，她会狂吠，令猎物处于极度恐惧的状态，直到猎人追上并杀死它。通过听猎犬的叫声，猎人可以说出他将要发现的猎物的细微细节：无论是单独的还是成群的、受伤的还是逃跑的。这些狗戴着 GPS 项圈，更容易追踪，这也减少了长期以来争论究竟是谁的狗把驼鹿赶下来的传统矛盾。

三名男子将小驼鹿从卡车的平板上，抬到 V 字形的金属敷料架上。驼鹿前腿的皮被剥了，后脚被电锯砍下，后腿的跗关节上挂着吊钩，整具动物尸体被一串链条向上吊起。他的鼻子碰到了地板，像他在前空翻的中途被吊了起来。他的头被锯掉，食道从颈部伸出，看着令人作呕。空气中有骨灰的味道。

人们用电动绞车把皮剥开。皮与泛着冷光的脂肪层分离时发出微弱的嘶嘶声，剥到一半的皮像披风一样垂下来。绳索不再拉动，血滴落的回音声声。人们刮掉兽皮上的毛，用盐腌制，然后放在田野边缘的防水帆布上。几周后，它将被卖给一家皮革公司。

皮肤下面的肉是血红色的，沾染着雪花石膏一样的泡沫。接下来的几天里，随着被加工储藏，肉的单一色调将变成淡玫瑰色、蓝紫色、粉色、樱桃色和红宝石色。一头年幼驼鹿的肉的颜色要蓝得多，越老颜色就越浅。

男人们沿着驼鹿的躯干向下切开，让驼鹿从他们与生俱来的野外装扮中解脱。鲜血喷涌而出。任何杀死驼鹿后没有被立即取出的内脏都会在此时被取出，心脏、阴茎和睾丸被切除。

它们被扔进一只黑色的小桶里。生肉上沾着毛皮和泥土。

有人取了一根橡皮水管往尸体内部喷水，另一个人拿着橡胶扫帚，将红色的水和沾满黑血的粗绑带扫向水泥地上的一条排水沟。

驼鹿的一只前腿被砍掉了，从敞开的畜棚大门扔了出去，另一只随后也被扔了出去。两条腿掉在沙砾上时，发出劈柴时的沉闷声响。院子里漫步的猎犬很快叼回了这些奖励，它们离开畜棚，走到草地上，略带恶意地大快朵颐。

* * *

人类当猎人的时间要比当牧民和农民的时间要长得多。所以，当我们面对杀死一只自由动物所需的野蛮暴力行为，总有一种与生俱来算计的能力。拉丁语中表示“狩猎”的动词“venor”是一个相异动词，即形式被动但意表主动，表明狩猎不仅是一种直接行为，也是一种短暂的存在状态。狩猎是一种瞬息的行为，每次狩猎都意味着不同的东西。它以物理和形而上学的方式将身体与森林联系在一起，就好像猎人不仅追逐猎物，还狩猎自己。

狩猎的重要部分是了解猎物的特点：猎物吃什么食物，何时以及如何移动，一天和一年中最活跃的时间。如果猎物的习性在其一生中发生了变化，猎人也要知道。想成为一名猎人，就得了解自然景观整体的优缺点。

狩猎一直是一种关注生态环境的行为。哪怕只是对捕食者的恐惧，都可以使猎物变得胆小，但其带来的影响会扩散至整个生态系统。放牧动物位置的改变甚至最终会影响植被生长和碳循环。在充满恐惧的生态系统中，最常被杀死的是那些虚弱且奇怪的动物——生病的、畸形的、异色的、非常年幼的和非常年老的。像所有的捕食行为一样，狩猎是推动进化的一种力量，能够使猎物变得更强、跑得更快或更会躲藏。

狩猎或许是一种遗俗，是一种古老而残忍的获取食物的方式，在当今世界，这种方式已变得更具象征意义，而不再是必要的行为。但猎人们始终使用当下能够获得的最先进的技术，驼鹿狩猎也不例外。它依赖于许多文明的产物，以至于这种活动开始类似于模拟战争。随着每一项发明的出现，杀戮变得更有效率。

然而，狩猎仍然植根于其传统的独特性，猎人可能是我们中最机敏的自然学家。狩猎借鉴了这一传统，被视为不属于历史进步大潮的一种活动。狩猎既需要现代的能力，也需要古老的能力，既为乐趣，也为必需，狩猎有其自身的道德不可能性。

*　*　*

那天晚上，在我们宰杀并处理好驼鹿后，我们好好洗了个热水澡，然后在厨房里的大型金属中岛旁喝着冰啤酒。我们和托比亚斯、他的妻子萨莎（Sasha）以及他们的三个小女儿，住在一个可以俯瞰宽阔河谷的杂乱农舍里。火车轨道就在附近，全天每隔一段时间便能听到微弱的隆隆声。

厨房是最近唯一一间装修过的房间，深红色的墙壁和黑白相间的棋盘格地板与房子的其他部分截然不同，别处零散钉着锈迹斑斑的钉子，门没有关好，地毯因看不见的湿气而向上隆起，每个房间都堆满了东西，有些有用，有些是垃圾，似乎一切都乱七八糟的。很难说这栋房子是被充分居住使用着，还是仅仅被忽视了。

有人在斯德哥尔摩海岸几英里外发现了一艘俄罗斯潜艇，这违反了瑞典的主权协议，但相比于新冷战，我们对讨论我们的狩猎成功更感兴趣。在我们聊天的时候，萨莎做了驼鹿肉汉堡和酥脆的烤土豆，这顿饭没有我们叨扰她的这段时间做得其他菜肴那么精致，但同样细致和熟练。她有一个包含六个灶头的新炉子和一台“Sub-Zero”牌的冰箱。厨房里备有各式各样的日本刀和设备，可以做出食糜、低温真空烹饪、油焖和烟熏储藏。我们头顶上的一个架子横跨房间的两面墙，整齐地展示着详细介绍分子烹饪技术的烹饪书。

萨莎是从小被收养的斯里兰卡孤儿，当她学会打猎，她便真正成为瑞典的一分子。她的小女儿们有时也会去打猎，但此时，以及其他许多场合，她们都会紧紧地盯着 iPad 的屏幕。萨莎心情很好，因为烹饪猎物是她最喜欢做的事情之一，房间里充斥着当天所获成就的味道。

“我的祖父创办了我们的狩猎俱乐部，”萨莎一边切土豆，撒上盐和橄榄油，一边说，“我父亲从来没有学到任何狩猎技巧，因为他父亲全权包办了一切，但我和我哥哥一旁看着，学到了一点。有一天，托比亚斯对我说，‘好吧，萨莎，该你接手了’。”

托比亚斯高大魁梧，没有手上不拿东西安静坐着的时候。我们围坐在厨房中岛旁，他便拆开枪做清洁。

“我们的狩猎队和附近的队伍相处得挺融洽，但他们和附近一个试图偷驼鹿的相邻组织有矛盾。”托比亚斯喝完啤酒又打开另一罐，说道，“虽然在这里狩猎驼鹿更像是扑杀驼鹿，我们实际上以种植的各类林木喂养了它们。”

“是的，北部厌倦了驼鹿肉，”猎人说，“但它在南方不常见，所以人们才喜欢。”

“我们可以从我们的肉里赚钱！”托比亚斯回答道。

晚饭后，萨莎把女孩们送上床睡觉，他们倒上了百富威士忌，然后聊到一个不常讨论的话题——追踪和杀死已经逃跑的受伤猎物。

“我们有法律规定不能让动物遭受痛苦，”托比亚斯说道，“但动物脱险幸存的神奇故事太多了。要怎么决定什么时候中止我们和猎物的斗争，或者说是搏斗呢？换言之，这种做法是为了让自己好受些，如果不这么做，你会无法忍受自己的行径，毕竟你知道是自己造成了这种痛苦。很多方面而言，人们不该这么做——我是指追捕受伤的动物并确保它的死亡。”

“你还记得瑞典北部的熊的故事吗？”猎人说，“就是那个眼睛中枪，结果被标记并被迫服用抗生素的熊？其实几年后他就长成了体型最大、最强壮的熊。他成了熊王。”

厨房远处的墙上钉着一篇杂志上的文章，是一个关于猎人的故事，关于他逮捕了刚果民主共和国非法野生动物交易中最臭名昭著的罪犯。文章附了几张照片，有手持自动武器的男子，还有高高挂在树冠上、乳头垂下的倭黑猩猩的母兽。在另一张照片中，猎人咧嘴大笑，露出了牙齿，就像一个有秘密的男孩。但他那甜如豌豆的蓝眼睛很悲伤，额头紧皱。我全神贯注地看着这幅照片，试图将这幅有关他的平面作品与复杂得多的现实相对应。

猎人轻柔活泼的声音将我从过去再次拉回到厨房。

这些人还在讨论杀戮行为。对我来说，驼鹿的死亡是突然的，但对于像他们这样技艺娴熟的猎人来说，他们在自然世界中度过了比大多数人更多的时间，早在还没看到猎物之前，早几天前，甚至很久以前，猎杀就已经在他们的脑海中发生了。

“你懂，猎杀是件容易的事。”托比亚斯一边说，一边往我的杯子里倒了更多的威士忌。“难的是需要下定决心。”

“是的，就是这样，亲爱的，”猎人说道，爱怜地凝视着我。“即便你将一发子弹直直射入驼鹿的心脏，它有时依然继续奔跑。”

*　*　*

狩猎的最后一天是屠宰日，狩猎协会的每个人都会来畜棚集合。时间尚早，黑红相间的斑驳金属门在黎明的灰蓝色光线下被徐徐打开。一个女孩和她的弟弟坐在一辆停着的全地形车上，看着里面的活动。

女孩有着一头黑发和一双浑浊的眼睛。她的皮肤蜡黄，前额杂乱的眉毛上留着一片油腻的刘海。她年约十二或是十三岁，从她坐着的方式来看，显然没办法用一具尚在发育的身体保持稳定。女孩看着畜棚里的男人们做着屠宰工作，她弟弟那稚嫩的脸上并没有渴望的表情。她旁边的草地上有一只驼鹿的头。好奇的苍蝇检查着鹿角的外皮和喉咙周围凝固的血液。

男孩一头金发，正在走神，但前一天，他驾驶着全地形车用塑料雪橇拉着一头驼鹿进入院子，健谈得看起来远不止七岁。现在，他静静地盯着赤裸的驼鹿尸体。驼鹿挂在畜棚的天花板上，自然下垂成一道令人毛骨悚然的线条，像一幅静物画。

一对鹅嘎嘎叫着走过。黑黄相间的小鸟在田野上穿梭。一群冠蓝鸦从一排树上飞起。它们先向西飞了一会，然后向东飞。被啃到只剩骨头的驼鹿腿丢弃在院子里。

畜棚后，三个男人在一个生锈的金属桶式炉下部生火，炉子上有一个又高又细的烟道。上半部分的桶式炉里，水慢慢沸腾。水蒸气和燃烧带来的烟雾与他们呼吸的蒸汽和香烟的烟雾混合在一起，这股杂七杂八的云状物悠悠荡荡地飘向日出方向。飘着飘着，聚集在邻近田野旁的树上，像一团升起的雾。男人们在黑色的桶里装满开水。

另一组人则在编号从一到四十六的蓝绿色塑料桶前俯身，尽管当中至少缺十个号码。垃圾箱在车库前排列成三排，两排长，一排短。车库门开着，里面塞满了自行车、旧家具、废弃物品和成堆的东西。他们似乎随意地移走了六个垃圾箱拖到生火处。男人们向里面倒入一英寸深的热水，挤了点儿绿色的液体肥皂进去，然后用力擦洗每个垃圾箱，最后用花园里的软管冲掉皂液。

我第一次看到动物被宰杀是在新墨西哥州。我当时二十五岁，我的朋友决定在生日时烤一只猪。我们从一位住在圣费利佩·普韦布洛（San Felipe Pueblo），名叫埃尔维斯（Elvis）的男人那里买了一头活猪。我们把母猪从卡车上卸下来，给她喂了些廉价的白酒，让她醉醺醺地在满是灰尘的院子里走了走。我的朋友凯瑟琳·李（Katherine Lee）用一把44型口径的马格南左轮手枪射中了母猪头部。还是说需要两枪？我记不起来了。

这对我们来说是一个新的传统，我们并不完全知道自己在做什么。但这不是一种轻率的行为，也不是纯粹为了放纵。我们尝试在支离破碎的生活中重塑一种古老的方式，尝试杀死我们吃的东西。她的腰腿被吊起，然后浸在一个装着开水的油桶里，用喷灯炙烤表皮。我们的父母们并没有继承这种杀戮的艺术。我们在被遗忘的书中找到了它。

今晨昏暗的光线下，十一名年龄在十四岁至七十岁的男性和两名女性（都已为人母）在畜棚里平稳有序地工作。他们不常说话，但偶尔的刀光无声地预示着工作的进展。宰杀驼鹿极具仪式性，宛如中世纪贵族在具有骑士风范的猎鹿结束后，每个人都知道自己的位置和角色。他们从未讨论过肢解尸体的顺序，但从多年的实践中了如指掌。他们已经这样做了很长时间，熟知从哪里下刀。

洞穴般的房间里摆着一排临时桌子，木板放在锯木架上，上面覆盖着厚厚的白色塑料布。塑料布够不到的地方，黑色的垃圾袋被分割成薄片，然后平铺上去。动物的尸体靠着白色墙壁，排成了又长又丑的队。身体巨大，飞扬跋扈。在这家超大的肉店里，我们的身形都缩水了。

一个男人耳朵里戴着蓝牙接收器，穿着一件全白色的特卫强[①]防护服。他的黑色腰带穿过一个大小是其两倍的透明塑料

---

① 特卫强（Tyvek）：无纺布商标，其产品由高密度聚乙烯纤维制成。——编注

套，套里并排放置着两把刀柄是蓝色的刀。他的腰带外围了两条白毛巾，一条在他的腹部，另一条在后背的中部。一个驼鹿屠杀忍者的形象。他开着一辆悍马，工作时，他总在抱怨车耗了多少油。金属线和粗绳从他的口袋里垂下来。

除他外，其他人都穿着塑料围裙。大多数人戴着透明白色外科手套，乙烯基制，无尘。少部分人穿着厚底橡胶鞋。外科手套盒旁边放着一盒防水绷带和一卷溅满鲜血的卷纸。我听到磨刀器的声音，但不知道属于哪一台，那儿至少有三种磨刀器。

屠宰也会有点柔情。指尖轻轻地拽着肉，快速的小切口就像快速的轻吻。肉上闪耀着一层脂肪。肢解动物固然可怕，需小心处理，带着点克制和明显的喜悦进行。

考古学家研究被狩猎的动物骨骼化石，来寻找屠宰的痕迹。锯和砍造成的切口和伤疤的条纹，与其他器物一道，反映了食用野兽的文化以及这种文化传播的方法。

我看着屠夫们流畅优美的工作，和抽着小雪茄的老人一同。

前腿被锯掉了。一个男人站在木质的梯子上，把腹部的肉和脂肪切成大块扔到桌上。下面的一队人把大块的肉切成小块。每切一刀，胸腔便打开一点。那人用刀尖戳着肋骨之间的肉，听起来像是紧实得戳不进去。

他沿着脊椎两侧锯断肋骨，一直锯到后腰部。肋骨被切断，啪的一声被扔到桌上。这具尸体看起来像一只怪异的长颈鸟，正倒挂着。

脊椎在中间处被切断。

最后，臀部和后侧大腿被从下往上劈成两半。当它们一分为二时，分开的后腿拍到彼此，好像在鼓掌。

桌上，男人和女人们冷静且尽心尽力地继续着工作。他们把肉从骨头和球关节上剔除，包括脊背和肩部的衔接处、大腿内侧、臀部上方，以及从肋骨架上切下又长又窄的肉条。他们把薄薄的白色脂肪从坚实的红肉上除去。

萨莎戴着一顶棕色的棒球帽，她的黑发束在后面。她的裤子、靴子和衬衫袖子上溅满了鲜血和一片片肉末，但她没有注意到。

在短暂的休息时间里，屠夫们戴着血淋淋的手套吃着糕点，他们迅速地把糕点塞进嘴里，用聚苯乙烯质杯子大口大口地喝陈旧的咖啡。他们传递和分享用盐、胡椒和糖腌制过的肉片，是去年狩猎猎得的肉。

最年长的人视力已经不那么好了，他们不再需要进行剔除工作，但并不能因此离开工作岗位。他们提着染红的黑桶，用白色的厨房刷擦洗干净。小男孩把废骨头扔到一辆挂在全地形车上的小拖车后部。他的脸上沾了血，有些染到了他鼻子上。每次他走出来扔掉不需要的东西时，倾斜的日光都会照耀在他的身上。一天结束后，这堆垃圾将被送回森林。

当太阳完全爬上东方的山丘，夜晚最后的雨云被吹散，刺眼的光线纷至沓来，让屠宰工作看起来赏心悦目，同时更加困难。铰链门被关上了，只留下一个小缝隙，方便男孩运送骨头和长者们拿出切好的肉。畜棚内一片昏暗，不均匀的光线投射出华丽的阴影。

人们从墙边把另一张桌子推到房间中央。

一小时内，一只驼鹿就消失不见了，另一只还剩一半。两个小时内，四个箱子里就装满了要去绞碎的肉，每个箱子大约重一百磅，外面还有一张长桌子，按种类排列堆放着品质上乘的肉块。后腰肉、肋骨肉、火腿肉、精脊肉、薄肉片。不久，这些肉就会被放进蓝绿色的箱子里，并尽可能均匀地分开，不仅按重量，而且按质量。每个人抽取数字来决定他们要带哪个箱子回家。

中午，他们吃豌豆汤和开放式三明治，苍蝇聚集在一起检查他们的工作。还剩下三只完整的驼鹿，都是幼崽，有一只已经被切成长颈鸟的模样了。十个人在屠宰台前工作。所有猎物都被排序、标记和编号。驼鹿变成了肉。

在狩猎成为一种特权（一种只保留给少数人的奖励）之前，这是一种公共仪式。生产食物既是一种挑战，也是一种忠诚和爱的表白，是魔法和精神与物质的结合。整个社区需要合力完成狩猎，因此每个成员都知道，她不仅由自己的思想和行动构成，也由他人的思想和行为构成。他们共同绘制了一张如何生活的地图，这就是这种工作产生力量的原因。经过慎重的重复劳作，我们与土地建立了联系。今天，这种日常工作通常是在我们看不见的地方由他人完成，我们中的大多数人都很难想象人会怀着如此崇敬的心情获得食物。

夜幕降临，猎人和我沿着土路开车经过农场和森林，谈论着生活在这片经历过几十年的降雪和腐烂而形成的潮湿且芬芳的树林中，可能会是什么感觉。我们停下来欣赏一座可以俯瞰河谷的可爱红色小屋。“我以前建过这样的房子。”猎人一本正经地说。我想知道他是为谁建造的，她现在又在哪里，但我很快就把思绪转向我们自己的未来。

“总有一天我要带你去新墨西哥州。”我说，“我有朋友在那里猎加拿大马鹿，很像驼鹿。我们可以和他们一起去。”

“总有一天，我会非常喜欢的。”他笑着回答。

*　*　*

猎人把我们所猎驼鹿的头交给了另一位猎人，他很喜欢今年这个叉角最多且最大的驼鹿头。猎人则留下了子弹，对他来说，致命的子弹是一件更重要的纪念品，能让他记住死亡。不过，他根本没存放好子弹。一天晚上，我在一堆脏衣服里寻找其他东西时发现子弹在他的裤子口袋里。我把这朵金属花放到我的内衣松紧带后面让他找。“躺回床上，”我对他说，“给你一个惊喜。”第二天早上，他又错放了子弹，发现后干脆放进了他的洗漱包。几天后，我再次找到错位的子弹，它被丢进生活杂物中。最后，他同意把子弹留在斯德哥尔摩的父母家里好好保管。

狩猎之美不在于其特殊性和细节，而在于本能的斗争。被捕食的动物与捕食者的完美匹配。猎人用锋利的武器和理智追逐猎物，而被追捕的动物展示着速度和优雅的躲避，令自己看起来只是捕食者的幻觉。捕食者通过取走猎物的生命，表示对它们力量的敬意，并同时彰显自己的力量。

那么，记录我们捕获的驼鹿的身形、钻研他的尸体细节显得多愚蠢啊。我希望他死亡的明显特征能揭示一部分他隐藏的生活。但野生动物永远无法维持某些纯粹的、可知的本质，他们会变得独立与稳定，但过程中的每一分钟都在发生内部振荡，使得过去的一切不复存在。驼鹿在盛满青苔的棺材里登基为王，成为大自然不懈努力下的短暂殿堂。

对驼鹿来说，北方森林是一片战场；对我来说，这片土地有着自己的传说；对于在这之上劳作的工人来说，这片土地值得崇敬，如同一种仪式。

那天晚上，我们上床后，我的脑海中回荡着子弹的声响。我闭上眼睛，猎人轻柔的话声犹如自言自语。“我有点心悸。”

他说。我听着这些令人印象深刻的话睡着了，不确定它们到底是什么意思。

* * *

我们一路向南前往猎人的小屋，好独处一段时间。我感到无拘无束。白天，他去打猎，我躺在沙发上悠闲地读着来自刚果森林里的艾滋病病毒通过贸易和卖淫传播的文章。我把劈开的木头添进铸铁炉，打瞌睡，然后凝视着逐渐暗淡的光线。

当猎人回来时，他烹制驼鹿胁腹肉佐奶油酱，配着林中采来的鸡油菌。他把铸铁平底锅放在木桌上，我点燃了蜡烛。这肉又好吃又嫩，蘑菇柔软而略带甜味。我天天吃都不会腻。

晚饭后，我们喝着红酒，在昏暗的客厅里，衣衫半褪，随着法国朋克音乐跳舞。木头炉子在厨房里发出亮光。屋外，森林又冷又静。此时此刻，没有什么要学习的新知识。我在家中。猎人的气味混杂在我的皮肤碎屑和头发的隙间中，我尽可能地随身携带他的味道。

几天后，我登上了去斯德哥尔摩机场的巴士。雨水拍打着窗户，猎人消失在一片模糊的水中。我行李箱里真空密封的冷冻驼鹿肉开始化了。

燕窝和花朵

再次收拾行装 —— 找船 —— 皇帝的身体结构 —— 双向驯化 —— 来自天堂的纯粹财富 —— 洞穴和裂缝 —— 老鼠生态系统 —— 寻找某物 —— 烛光下写作 —— 森林里的信息素 —— 两个未来的故事 —— 猎人的故事 —— 古时的汤

我的父亲一直在慢慢地为我准备世界末日时会用到的东西，这感觉很微妙。每个生日或圣诞节，都会有一个新的工具加入其中。一条聚酯薄膜毯子、一把“口袋猴”牌的多功能便携工具、一个名叫“生存青蛙（Survival Frog）”的在线生存商店卖的哨子。我把这些工具和我的藏刀一起放进一个抽屉。我认为这些礼物并不是源于妄想症，而是源于我对自力更生的渴望。几年前，他自学了打猎；如今，他送我马鹿肉干和干樱桃作为礼物。

12月的一个晚上，我收拾着行李准备另一次旅行，准备去东南亚的婆罗洲岛，我突然想到这些东西。我打开抽屉，里面放着父亲的礼物，不知道我是否会需要它们。重型手电筒能派上用场吗？

我有点醉了，所以到达目的地打开行李箱会有点惊喜——背心裙、防水蛭袜、查科牌凉鞋。

我这种人很难老实待在家里，向来如此。我喜欢远行、探索，身处不那么大的危险中，享受被新气味包围所带来的兴奋感。我喜欢目睹探索自身的体验。

这就是我要飞到世界各地寻找野生食物的原因吗？为了记住沉迷于奇特口味的儿时感觉吗？——急救箱、录音机、雨衣、照相机。

自从我去瑞典见了猎人后，我们就越来越疏远了。我们每周不再用Skype通话，也再没有甜蜜的短信——*好好睡吧，我亲爱的，想象是我抱着你，让你温暖*。更没有那些隐晦的诗句——*是的，我亲爱的，床上如此空虚，我所有的床都有一半你的位置，它们都很空虚*。事实上，我已经将近一个月没有他的消息了。没有消息就是好消息，我记得他说过。

也许是我的错。我不是最柔顺的女人。——双筒望远镜、防水笔记本、运动裤。我应该带把刀吗？

* * *

我坐在一个老年厌女症患者驾驶的摩托车后面。他穿着军装，沿着一条宽阔的土路疾驰，道路两旁是尚在修建的高耸电线杆。我正前往婆罗洲高地山区一座只有乘船才能到达的小村庄。我们试图找艘船。

强尼（Johnny），他自称“规矩强尼”，做着一份在机场招呼游客的兼职，烟抽得一根接一根。他戴着一条金色十字架项链，我每次撞到他，项链都会随风飘扬。当我们经过一座破旧的木桥时，我紧紧地抓住他，摩托车的车轮岌岌可危地卡在车辙中。我们撞进一个很深的坑洼，我的屁股离开了座位。“啊，现在我们在骑马！”规矩强尼叫到，“我是个印第安的酋长，从你父亲那里绑架了你。我是个肮脏的坏人吗？不，我是个浪漫主义者。”

这趟旅程非常不舒服，而且似乎没有尽头。如果我对时间的流逝吹毛求疵，那会让一切变得更加难以忍受。也许我应该放弃解释这一刻的别扭，好好体验一切。

当我们终于找到那艘船时，船正要驶走，我算是个始料未及的重物。我和另外五个女人挤在一起，她们个个眼神凶狠，当水几乎漫过那艘歪斜且超载的木船船舷时，她们咯咯笑了起来。由于马达动力不足，我们慢慢悠悠地向上游前进。

漂流的原木和打旋的竹子顺流而下，它们是需要避开的障碍物，时不时地，过于低垂的树枝会打到我们已经低下的头。空气又潮又湿。水很凉。太阳下山了，却不可置信地更热了。

水龟们成群结队地站在露出水面的树枝上，船经过时，它们像罗马蜡烛①一样突然射出。一只周身是黑点的白色蝴蝶落下来喝水。褐红色蜻蜓在我们船的尾流边缘调情。一只绿色的翠鸟环绕着我们。我只能听到引擎的嗡嗡声和狂风的响声。水流拐弯处有一片沙滩，我们看到一只孔雀般的鸟。女人们把手指比画成枪形，说了声“砰”。

我们下船后，在山间爬上爬下一个小时步行到村庄，山中有罕见的杜鹃花和异域的兰花，被深至小腿的一处处泥坑隔开。

这场冒险开始得很简单。我想研究可食用燕窝贸易，这种燕窝由一种叫金丝燕的穴居鸟类的唾液制成，已经成为世界上最昂贵的野生食品之一。这种由唾液制成的燕窝一般被做成汤羹食用，在中国神话和传统中根深蒂固。长久以来，婆罗洲热带森林中的人们靠着从石灰岩洞穴中采集燕窝赚取钱财。一些品种的金丝燕像蝙蝠一样，利用回声定位技术在地下洞穴中导航。部分洞穴内，一度曾同时居住了数百万只鸟。

---

① 罗马蜡烛（Roman candles）：一种烟花，能射出五个甚至更多燃烧着的小球。——编注

* * *

我第一次看到被售卖的可食用燕窝，是在前往婆罗洲途经新加坡时去的泰山药行里[①]。长长的玻璃柜台后摆放着一排木质抽屉，有着装饰性的黄铜拉手；一排排带着背面镜的架子摆满了罐子。明亮的台面下，扁平的硼硅酸盐玻璃器皿中展示了更多商品。琥珀色的粉末、成排风干的蠕虫、刮下来的树皮、扭曲的干果、象牙木的薄片、泥炭块、像老腌菜一样的海蛞蝓、奶油色的海扇、热带的豆荚、像多节手指一样的植物根茎、各种蘑菇和成堆的骨头。堪称一部野生的药典。

这家店建于1955年，看起来似乎从未改变。坐在柜台前的大理石凳子上的顾客也是如此。他皮肤非常细腻，没有皱纹，因而很难判断那乌木般的头发是染的还是天然的黑色。他穿着一件棕褐色的长T恤和一条不合身的牛仔裤，十分休闲的搭配却让他看起来像个皇帝。“你觉得我多大了？”他用柔和、悦耳的声音问我，友好中暗藏着虚荣。“就算我告诉你，你也不会相信的。”

一些关于起源的故事早已被时间淡忘，对于可食用燕窝贸易而言更是如此。考古学家在东南亚原本用于采集燕窝的部分

① 泰山药行（Thye Shan Medical Hall）：新加坡知名连锁药店。——编注

洞穴中，发现了可以追溯到明朝的中国瓷器，他们认为这有力证明了该时期两地曾进行过商品贸易。中国商船遵循季风的周期，夏季南行，冬季风向掉转后返航。他们用瓷器、纺织品和玻璃珠交换热带产品，包括香木、胡椒和野生动物。这些寻求财富的人知道，任何能带回具有最珍贵味道的食物的人，都会得到京城上层人物的青睐。

有个故事提到，著名探险家郑和向永乐皇帝赠送了一箱六十个燕窝。永乐皇帝很感兴趣，但燕窝数量不多，而他有数百位高贵的妃嫔和姬妾。他要怎么决定与谁分享体验这种新味道的乐趣呢？他当然不想让这些神经衰弱的女人互相争斗。因此，他命令厨师准备一份汤，这样一来，每个人都可以在雕刻华丽的华盖大厅盛宴上分享到。出于她们的喜爱，皇帝宣布燕窝为御膳。

到17世纪初，燕窝羹已成为中国富人的重要食物。1636年，在为期三天、包含三百多道菜的满汉全席上就有这道菜，它被列为“三十二道山珍海味”之一，其余的珍馐包括鱼翅、干海参、熊掌、鱼肚、活猴脑、鹿筋、猿唇、鹌鹑、孔雀、天鹅和犀牛尾。

燕窝不仅是一种贵族食品，也越发被视为一种药物。乾隆年间，曹雪芹创作了《红楼梦》，书中认为燕窝是治疗主角黛玉所患的呼吸系统疾病所必需药物，尽管它价格昂贵。

在来源和消费之间，神话填补了关于筑巢鸟类的知识空白。

据说它们从云中取水，用鲸鱼的精液、海藻、浪花或风来筑巢。据说，这些鸟身体虚弱，无法站立。因此它们的脚从未接触过地面，使得这种鸟成为绝对纯洁的象征。

人们信奉了几个世纪这种观点。“我怎么看起来这么年轻？”一直和我聊天的那位热切购物者继续说道，“嗯，我每隔一天吃一次人参和冬虫夏草，再加上鳄鱼油。这要花掉我三千五百美元。”他向药剂师做出手势，对方用一个挂在有缺口棍子上的老式平秤称出调配物。

“但主要还是燕窝让我保持年轻。”他指着药剂师身后货架上的一些罐子。罐子里是新月形的杯状物，由一根根硬化后呈半透明的唾液缕编织而成，就像蕾丝层叠的精致篮子。这些燕窝按照颜色排列，从漂白般的白色到蜂蜜色，再到柠檬黄色。

“燕窝对女性也很好。”他笑着说，眼睛里闪烁着混合了神秘与力量的光，仿佛他刚刚分享了永生的秘密。“野生燕窝的价格是养殖燕窝的两倍或三倍，但物有所值。”他又笑了笑，但这一个微笑是背过身的，他回头凝视着药剂师，我留他独自痴迷过去，忧心未来。

那天晚上，我给猎人发短信。

我：你最近好安静。是生我气了吗？我好想感受你的爱。我觉得我失去了你。

他：一点也不，我只是想静一静。

我：为什么静一静？

他：不知道…… 我猜是没什么好说的。我的生活有时会平静下来，只是在回想周围的疯狂。

我：好吧，我期待你再次从平静中走出来，想要融入我的生活。祝你在冷冰冰的森林里开心。吻。

他：哦，我没觉得我不在你的生活里。吻。

一个有时差的狂热之梦。猎人浑身是灰。我紧紧抱着他，汲取他疯狂的能量，就像他是一个害怕的孩子，然后我们都陷入了平静的沉默。

* * *

“历史上，这是一道御膳。但现在我们天天吃宫廷食物，不是吗？”克兰布鲁克勋爵（Lord Cranbrook）昂头看向一侧，他那又长又挺拔的鼻子带来的英气被一头蓬松的白发抵消了。他用一种彬彬有礼的英式口音说每一个单词，好像需要多年的练习才能掌握其正确的要领和重音。“这并不是富人的美食，而是一种疗法。传统上，燕窝需要放进陶瓷容器里，然后在双层汽锅上蒸很长时间，里面只加点儿姜。一天的辛劳结束，你坐下来，平静下来，回想发生的事情。你轻声地交谈，坐着喝这些小杯装的液体，还是挺隆重的。”

他转向我，睁大了浅色的眼睛。“香港人如今已经把它做成了一粒药丸！”

他停下来暗自发笑：“我有一次参加晚宴，桌旁的所有男士都对我说，‘看看吧，你过得太随意了，如果你每天吃燕窝，皮肤可能会光滑点儿。’好吧，我当时开玩笑说，‘他是个富翁，可能确实每天吃得起燕窝，但他也请得起一位好牙医和一位好医生呀！’”

第五任克兰布鲁克伯爵盖索恩·盖索恩·哈迪博士（Dr. Gathorne Gathorne-Hardy）已经八十多岁了，是动物考古学家和自然保护主义者中的传奇人物。他几乎整个职业生涯都在婆罗洲度过，据传，他身上纹满了伊班族[①]象征猎人头目的传统文身。他回到了一家位于吉隆坡的酒店，多年来我们一直在那里碰面。他在两地往返的时候，酒店工作人员会把他的物品放进仓库。

作为最早研究可食用燕窝的生物学人之一，克兰布鲁克勋爵对鸟类的了解堪比百科全书。金丝燕的自然栖息地遍布东南亚热带群岛。在二十四种金丝燕属的鸟类中，只有少数能筑巢。当中最具商业价值的是两种，一种是珍贵的爪哇金丝燕，其燕

① 伊班族（Iban）：婆罗洲土著达雅克人中的一支。——编注

窝中含有95%的纯唾液；另一种是大金丝燕，它的燕窝里则含有约50%的羽毛。

过去的三十年，洞穴中的燕窝被过度采摘，导致野生金丝燕种群数量锐减，婆罗洲能产出可食用燕窝的金丝燕已经消失了近95%。人们已经开始专门建造房子来饲养这些鸟，克兰布鲁克勋爵目前的项目致力于研究这些半驯化家养鸟类的遗传，它们似乎是一种新的、杂交的爪哇金丝燕亚种。

他兴奋地告诉我："驯化是一个双向的过程。是鸟先开始的！是鸟先进了房子！"

根据克兰布鲁克的推断，1880年左右，印尼爪哇金丝燕亚种主动在人类居所筑巢。20世纪30年代，经济衰退导致了大量商店被废弃，这为鸟类提供了更多的栖息地。第二次世界大战后，为了吸引鸟类，人们降低屋内亮度，令房间更像洞穴，并在天花板上增加水平的房梁，来构建鸟类喜欢筑巢的角落空间。到20世纪70年代，爪哇人发现可以将更有价值的爪哇金丝燕的蛋，转移到更常见的、无生产价值的其他金丝燕品种的巢中，它们也会孵化。成年后，爪哇金丝燕会在新地方繁衍。人们开始在东南亚群岛各地转移爪哇金丝燕的蛋，从而建立新的爪哇金丝燕聚落。最终，企业家们着手建造洞穴状的混凝土鸟舍，专门用来饲养鸟类，这一过程被称为牧场式培育金丝燕。

随着20世纪90年代中国经济的扩张，燕窝需求随之急剧增长。人们在洞穴中过度搜集采摘，几乎不考虑鸟类的生命周期，贸易变得越来越混乱、非法和暴力。马来西亚各地的野生鸟类数量急剧减少。1994年的一次会议上，政府考虑将能产出可食用燕窝的金丝燕列入濒危物种名录，但随着行政程序的继续，越来越多的金丝燕舍主站出来以他们的鸟舍做证，决心说服专家组金丝燕并非濒危物种。这是人们第一次了解到该行业的真正规模。

克兰布鲁克告诉我："过去几年发生了惊人的变化，人们乐观地建了许多鸟舍，光是在柔佛州[①]，就有八千座。"

这里有专门的建筑师和顾问不断提供建议，还有大量驻扎在脸书（Facebook）上的小组致力于研究鸟类业务精细化。为了防止尘螨、细菌、蟑螂和鸟螨的侵扰，鸟舍定期喷洒驱虫剂，屋内湿度和温度定期调控。鸟舍通常由混凝土建成，其中一些沙土可能是从现已空洞但曾经有野生金丝燕居住的石灰石洞穴中开采出来的。

与此同时，也有人抗议并争取拆除城市里的鸟巢，这些建筑中传出的气味和噪声都令人难以忍受。为了吸引以及安抚金丝燕，无论是屋内还是屋外的喇叭，都要一天二十四小时播放录制好的金丝燕叫声——多达一百八十种不同的声音，还包括

① 柔佛（Johor）：马来西亚地名。——编注

一首名为《威胁》(*Duress*)的歌曲。

克兰布鲁克说:“如今，这些鸟寻找房屋来筑巢正是驯化的一部分，可以用简单的鸟类学术语来解释。根据自己出生时的经验，这只鸟知道它应该在哪里筑巢。返回出生地是一种自然行为。这是我发现的最有趣的事情之一，它们不再倾向于返回野外。”

人们每个月都会进鸟舍采摘，但至少会留下30%的燕窝来保护繁殖种群。每对可繁殖的金丝燕一年最多可以制作四次燕窝。然而，野生洞穴中的燕窝是随季节而变化的，通常一年只能采摘三次。由于野生燕窝稀有，它们的价格几乎是室内燕窝的四倍。一位批发商告诉我，他以四万三千美元的价格售出了两公斤野生洞穴中的燕窝。

“人们总说室内产的燕窝稀软，在水中分解得太快，只有野生的燕窝才有真正的价值，但各人有各人的看法，”克兰布鲁克说，“令人非常痛心的是，家庭鸟舍的大量增加并没有阻止人们对野生洞穴的持续掠夺。”正如他所解释的，大型洞穴通常有许多入口，小偷很容易进入。你拥有的洞穴相对较小，并且有足够的钱来雇人看守时，才有适当管理洞穴的可能，帮助金丝燕每年至少获得一个繁殖周期。

克兰布鲁克说:“高昂的价格刺激了连续不断的偷盗和无知者的不当管理，这些人根本不知道繁殖周期是什么。有些人看起来就是个十足的土匪，戴着黄金首饰，全身上下都是金灿灿的。甚至连房子都必须有警卫、防盗警报器、入侵者警报器和闭路电视监视器。他们会找来推土机把鸟舍推倒。”

马来西亚的野生动物法律规定，野生金丝燕属是受保护的物种，豢养、私藏或处理它们都是违法的。同时，农业部有一个专门的部门来推广金丝燕的家庭养殖。

克兰布鲁克挑了挑眉。“一条奇怪的法律。他们没办法弄清楚，一只鸟究竟是不是家养的鸟，所以现在进退两难。法律存在但立法者视若无睹的情况数见不鲜。如果行李箱装满了燕窝，X 光机是看不到的，他们还没训练出嗅探犬来探测燕窝，因此我怀疑这儿有大量非正式的贸易。”

克兰布鲁克具有科学家的基本素养，也显然不愿意看到野生鸟类的消失，但这不是出于情感，而是因为这会让他所研究的东西失去意义。当他谈到他最近的实地调查时，毫无疑问是好奇心激发了他。

“我们花了两个小时，坐着艘渔船来到了这个有着最美丽洞穴的岛屿。我花了好多钱，却只抓住了一只鸟，还不是我要的品种！如此昂贵的鸟……”他的眼睛闪着光，开怀大笑。“但这趟冒险很棒，我一点也不在乎。”

“幸运的是，我有个朋友在英国的一家微病理实验室工作，所以这只可怜的鸟只能为我的基因研究彻彻底底做了个咽拭子，我还拔了它的两根羽毛。你懂，走进一栋房子然后开口说，‘对不起，我可以杀你几只鸟吗？’很难。但你可以说，‘我可以做个咽拭子吗……’”

“所以你没有装满死鸟的行李箱？”

“没有，只有一小包咽拭子。啊，那是一趟绝妙的冒险。”他的脸颊因回忆而变红，“我不确定我还会回来，得看情况……”

他的目光又回到了我身上，又伤感又怀念。

* * *

可食用燕窝市场曾经是一种依赖野生穴居鸟类的家庭手工业，而现在价值超过五十亿美元。人们声称它的治疗作用广泛：燕窝能使皮肤细腻无暇；可以缓解咳嗽、痰多和喉咙痛；能够治疗失眠、关节疼痛、关节炎和癌症；可以强身健体，提高性欲；延缓衰老；调节心理。不管你有什么问题，燕窝都能解决。

金丝燕养殖鸟舍的激增和家养燕窝的价格下降，催生了新产品的诞生，这些新产品的目标客户是那些经济能力不断提高却对传统制剂不感兴趣的年青一代。举几个例子：速溶咖啡和面霜；预先做好的瓶装饮料和每日服用的小熊软糖；多种口味的干细胞修复抗皱抗癌饼干（有黑加仑味、燕麦味、巧克力碎片味、腰果味或薄荷夹心薄荷巧克力味）；添加了燕窝萃取物（NUSGx）的活性糖蛋白及蜂蜜混合饮品（十五袋售价一百八十美元，现售价一百六十美元）；以及提拉米苏杏仁牛奶巧克力棒（添加甜菊糖苷，不含糖）。

马来西亚第一个合法的金丝燕牧场投资计划——金丝燕生态园集团（Swiftlet Eco Park Group），总部位于马来西亚首都吉隆坡郊区的柏年广场（Brem Mall）三楼。接待台对面是一个背光的箱子，里面展示着各种商品。敞开的黑盒子旁边摆着碗勺，衬着鲜红天鹅绒的内部是一盏白色的燕窝。盒子上方的架子，一组水晶在白色的缎面织物上闪烁着光泽。展示柜旁，两个闪烁着金光的金蛋图像几乎占据了整面墙壁，上面写着“在可食用燕窝上建造你的退休小窝”。另一张海报描绘了两座白色的长建筑，周围环绕着棕榈油田。一条高速公路从顶角穿过，一只巨大的金丝燕飞向观众。

该公司的高级管理人员哈尼斯（Hanis）小姐把一只蓝色的小杯子和茶碟放在我面前，茶碟上有一个金色的标志，上面画着向下飞行的两只金丝燕。

她说：“给你，这是我们的四合一皇家燕窝白咖啡的样品，小包装，可随时冲饮。其实，马来西亚不能随便使用‘皇室’一词，但我们得到了皇太后的许可。她是我们的高管。”

金丝燕生态园集团已有十年历史，在各个行业领域内拥有十五家子公司。投资者来自马来西亚、日本、文莱、中国和迪拜，还有五千多人参与进了多层次营销计划来销售他们的产品。

哈尼斯小姐从桌子上的塑料桶里拣出了一个小燕窝。它有三英寸宽，非常白。“就像我们喜欢文娱节目一样——爵士乐、民谣、乡村音乐，我们有不同的声音可以吸引鸟儿进屋。”她说，言语间提及的是鸟舍里昼夜不停播放给鸟类听的旋律。“洞穴的环境不受人控制。但鸟舍可以让我们控制结果。它是*纯净的*。我们遵循药品生产质量管理规范（GMP）——合规的生产操作，以及灰色层次分析法（GAHP）——合规的畜牧操作。兽医服务部建议的招股章程。在出口过程中，我们使用射频识别技术（RFID）来追踪燕窝，并使用一层特殊的涂层来辨别燕窝产自哪个国家和公司。而且，当地大学正在为我们研究可以清理燕窝的机器人。”

“有了这种燕窝提取物，我们能生产很多产品。”她举起一罐像沙子一般的白色细粉说道，“产品创新，这就是为什么我们正在与各种生物实验室合作，测试最好的提取物，将其转化为其他产品。”

通过与国际医科大学的合作，金丝燕生态园集团声称已从金丝燕的唾液中分离出了十八种氨基酸，并发现了一种据称具有干细胞再生特性、类似人类皮肤生长蛋白的表皮生长因子，以及另一种化合物——SGB，据推测，这种化合物可以与癌细胞结合并导致其自我破坏。该公司正在尝试获得食品和药物管理局的批准，以便将燕窝作为一种药物销售，而不仅仅是一种食物。如果他们获得了批准，燕窝提取物的价值将增加十倍。

她自豪地说："我们的目标是在马来西亚各州都建立鸟舍。明年，我们将去印度尼西亚开拓市场。我们期望并且相信未来的燕窝市场。"她那种确信不疑的态度和我所见另一位家庭培育燕窝创业者的态度犹如镜像，他则更夸张地告诉我，"其中的利润像是天堂里的钱"。

我的空咖啡杯底部残留着嚼劲十足的糖状颗粒。我的舌头有点麻。

那周的晚些时候，我参观了一家药品级燕窝加工厂。传统上，家庭中的妇女们负责清理从洞穴中采摘的燕窝，她们坐在桌旁，睁大眼睛挑拣燕窝里的杂质，祖母把燕窝递给母亲，母亲再递给女儿，女儿年轻，眼神好，最终完成了这项工作。但随着家养燕窝数量的增加，清理工作已成为该行业受到高度监管的一部分。

我通过一扇巨大的单向窗观看了加工过程，窗户另一侧的工人们就像投影出的影像一样。十几名妇女和一名男子，戴着蓝绿色的外科口罩、蓝色的乳胶手套还有发网，弓着腰坐在金属桌旁，桌上放着刺眼的荧光灯。工具散布在他们周围：装着未加工燕窝的塑料容器、装满水的金属碗和浸泡着的燕窝、垫在软化燕窝下的毛巾和陶瓷板、用来清除杂质的牙刷、镊子和剪刀。

加工室内铺着绿色的地板。工人们不做交谈，看上去像是疯狂科学家一样的男人，头上戴着放大镜检查他们的进展。屋内传来流水的声音和镊子撞击金属后有节奏的叮当声。燕窝清理工们像机器人一般工作。被拣出的羽毛像灰色的影子一样漂浮在白色的陶瓷碗里。

远处角落里的一对男女将一排排干净的燕窝放在大小相等的长方形烤盘上。如果一盏燕窝在清理完羽毛后基本上完好无损，就会被先装进一个小滤网，随即放入新月形的塑料模具用金属夹固定，再送入空气干燥器，干燥至多一天。

这样的设备每月可以处理约八百二十五盏燕窝。每个工人每天可以清理五到十盏，可愿意从事这项工作的人很难找到。一些月份，这件设备的燕窝转换率不过50%。

店主递给我一小罐预先炖煮好的燕窝饮品。暖暖的，表面漂浮着泡沫，几乎没什么味道。看着女人们在工作，而我喝下由她们的劳动成果做成的饮料，真是让人良心不安，好像我正把她们一并吞咽服下。

* * *

天然洞穴的形成依靠机缘。石笋和石灰岩瀑布的位置取决于偶然的水流，也取决于侵蚀墙壁的反作用力。身处石灰岩洞穴，便是以可感知的形式体验地质时代。缓慢的水流构成了一座由坚固的水痕遗迹和过去地壳运动的历史遗迹组成的城市，与此同时，带酸味的蝙蝠粪便和鸟粪刺鼻难闻，空气湿度很大，阻碍了这一形成过程。这些飞行生物的排泄物影响巨大，以至于数千年的时间里，某些洞穴的大小翻了一番。洞穴是处于恒定流动状态的整体，生物和非生物彼此依靠。

婆罗洲的洞穴有着许多传说。在一个神话中，一个女人被一只小龙虾变成了石笋。在另一个故事中，一伙残忍的村民被一个诅咒变成了石柱。据说，人们可以通过一股夹带着独特麝香气味的温热空气，感受金丝燕女神——瓦利特女神（Dewi Walet）的存在。作为宗教场所以及古墓所在地，部分洞穴仍然保存着数百年前的历史遗物——由耐腐硬木精美雕刻而成的棺椁，尸骨外包裹着编织精美的布匹，身旁紧紧依偎着勋章和砍刀。

在尼亚洞（Niah Cave），人们发现了一具解剖学意义上的人类骨骼，其年代可追溯到大约四万年前的更新世晚期。这些史前人类生火产生的烟雾，是否导致了金丝燕或蝙蝠进化？与婆罗洲的大多数燕窝洞穴一样，从传统角度来说，尼亚洞通常属于当地地位极高的家庭，并且受到他们管理，洞穴的所有权会传给下一代。到1978年，尼亚洞拥有超过一千名所有者，无法再被可持续地采摘燕窝。偷盗极其猖獗。洞穴主入口外有一扇带尖刺的巨大铁门，用沉重的挂锁锁住，但考虑到洞穴的复杂程度，还有其他近五十条路可以进入其中。曾经，尼亚洞中有近四百万只金丝燕，而今天只剩一片诡异的寂静。

1887年，作为从英国到澳大利亚往返的游艇探险的一部分，布拉西夫人（Lady Brassey）到访婆罗洲。她“非常渴望”参观哥曼通洞（Gomantong Caves），但“每个人都告诉她，她无法克服沿途的困难”[1]。我觉得去洞穴要容易得多，就像其他游客一样开车去洞穴嘛，尽管在小心翼翼地穿过大路时会碰上巨蜥和獴。

哥曼通洞内有十四个独立的洞穴，是最著名的至今仍可采摘燕窝的大金丝燕巢穴之一。根据天气和季节的不同，每次采摘都可以获得一万八千到两万五千磅重的燕窝，一年通常可以采摘三次收成。20世纪90年代，洞穴群外有手持卡拉什尼科夫步枪的护卫看守，但从那时起，政府开始介入并制定了阻止外人进入洞穴的制度，使其成了腐败之路。

洞穴又热又潮湿，始终有一股臭味，或者与其说是气味，不如说是感觉 —— 鼻子里进了醋的感觉。一条浅河流淌过空地的中心。螃蟹在水中侧身行走，蝙蝠在阴森的裂隙中盘旋，到处都是金丝燕。它们队形杂乱地穿过悬垂的植被，从洞口呼啸而出，用高音短促地叫着一二三，这是一种紧急哨音。纯粹由数量带来的喧嚣。他们在云上盘旋着寻找飞虫。洞穴内部，它们加速了空气流动，在利用黑暗的峡谷进行回声定位时发出一连串短而尖的声音。

传统上，人们用长竹竿、复杂的藤绳索具和数百英尺高的木梯来采摘燕窝。虽然人们逐渐开始使用更现代的技术，比如用头戴式小型照明灯替换油灯，但这仍然是一项极其危险的工作，工人们几乎得不到保护。

我看着男人们迅速又优雅地用手把燕窝从高高的洞穴顶上摘下来。一名男子悬挂在一个高高的、嵌着木质横档的绳梯上，手里拿着一个竹柄的橙色网兜。他开始行动，按照行动计划，摘完一块区域就换到另一块区域。四个人把吱吱作响的绳子固定在下面，周围有滴水的声响，急促的喊叫声在墙壁间回荡。领班坐着，用激光瞄准燕窝，任何没参与进忙碌的看客都会目瞪口呆。

几个人坐在木质走道的栏杆上，还有一些坐在原木或洞穴地面的沉积物上，他们被大量昆虫吓得瑟瑟发抖。但工人们并不关心他们的身份。他们抬起脖子，像是不耐烦的观众，被上面的杂技表演或逗乐或惊愕或迷住了。他们听过很多男人摔死的故事。一位老者将烟头弹入黑色深渊。一块石头从上方掉落，随即响起了一声警告。一位年轻的工人用悲伤而美丽的眼睛盯着我，等待着轮到他爬上拱形的幽暗处。

当我从洞穴里出来时，全身都是绿色和黑色的鸟粪。一名身穿沾满污渍的白色背心、头上缠着粉色布条的男子躺在吊床上，对着对讲机大喊。一个女人站在木塔上清点账本，像是被俘虏的公主。账本上写道，*十二月：一吨大金丝燕的燕窝*。她所在的吊脚木塔下方，一只鸡睡在笼子里。通往洞穴入口的架空步道上，一只猩猩妈妈和她的宝宝看着里面辛勤劳作的男人。

*　*　*

婆罗洲是世界上森林砍伐率最高的地区之一，当地的资源开发经历了漫长的繁荣和萧条。首先是香料，其次是木材和种植林农业，包括橡胶、面包果和剑麻，最后是藤条、金合欢树和可可。然而，直到仅几十年前，该岛仍有近75%被森林覆盖。但随着现在无处不在的棕榈油树，情况发生了变化。

棕榈油业繁荣的城市，银行是城里最繁忙的地方，其次是机械商店和保险公司。卡车载着汽油、轮胎、劳工、化肥和棕榈果——“黄金作物”。摩托车和豪车载着男人和女人，隆隆地驶过一处标有“棕榈高地”的新公寓开发项目的标牌，车上的人考虑着钱。空气很闷，微风黏腻而刺鼻。

从每一处地平线望去，都是一模一样的危险树海。大片大片的棕榈叶爬满了每条道路的边缘。每棵树都似克隆一般，高度相同，间隔均匀，大量受肥。这些树的寿命很短，每十到十五年就会换一棵新树。下层林又昏暗又似有鬼魂萦绕。几棵椰子树排列整齐，随风摇曳，像隐形船只的桅杆，而船体部分在棕榈叶的巨浪中消失了。远处，小径纵横交错的秃山等待着被种植。加工棕榈的哥特式结构的设备耸立在秩序怪异的森林之上，向湛蓝的天空喷出烟雾。

婆罗洲各地的大量伐木厂和棕榈种植园可能是野生金丝燕种群减少的部分原因。一只金丝燕每天可以吃掉多达一千只飞虫，而经过改造的景观承载金丝燕食物来源的能力似乎较低。新的野生种群将无法达到过去的数量，而且进一步驯化的空间非常小。

一天晚上，我去斯蒂芬·萨顿博士（Dr. Stephen Sutton）的办公室参加一个小型聚会。萨顿博士被认为是上层树种研究的先驱，在五十年的职业生涯中，他花了大部分时间研究热带森林中看不见的居民。他是第一位在中非使用水银灯来采集昆虫的科学家，当时他与一组军人和科学探索协会成员一起，对刚果河进行了一次从源头到海洋的探险。

萨顿博士笑着回忆道："如果你想晚些时候出版这本书，那我冒溺水的风险就没什么意义了。但我告诉你，昆虫学家是唯一全身心投入旅程的人，不像伞兵团。如果道路受阻，他们只会把原始沼泽炸开。"

萨顿博士最初来到婆罗洲是为了给螟蛾进行分类。现在，他的主要项目之一，是增加获取昆虫学信息的渠道。与殖民时期世界各地的其他地方一样，婆罗洲曾在分类学的标本上——尤其是昆虫标本——与外界产生了活跃的贸易行为。每当一个新物种被命名，必须同时提供一件模式标本（type specimen），即该物种的个体样本。这些标本被存放在美国或欧洲的核心博物馆中，之后的研究人员会利用这些标本作为自己分类工作的对照。

但对于马来西亚的科学家来说，想研究来自本国的模式标本却需要进行昂贵的海外旅行。把标本带回国内的费用，甚至比建设博物馆和聘请工作人员的费用更高。萨顿博士热衷于修复这段历史。他与其他三名研究人员一起，通过创建在线数据库，帮助归还婆罗洲的自然遗产，该数据库包含三维数字标本、DNA分析、翅膀图案和外生殖器图像，以及包括原特征记载的近两千五百种飞蛾仿制品。

我们坐着的房间里塞满了书，数量比我们这群人类客人还多，你几乎可以听到它们像活体动物一样的呼吸声。利兹大学将六万册图书馆书籍作为废品出售，萨顿博士负责为婆罗洲的森林片段化[①]研究中心收集来一千一百册书籍。

萨顿博士说："老故事说，婆罗洲的森林广阔无垠，长臂猿可以从一棵树荡到另一棵树，就这么荡遍全岛。但现在，棕榈种植园已经把仅存的一小片森林分割成了片段区域。"

一位研究蚂蚁的秃顶生态学家回答说："很多物种并不生活在棕榈种植园内，只是以棕榈果为食。塔宾野生动物保护区（Tabin Wildlife Reserve）是目前观赏野生动物的最佳场所之一。动物在保护区的原始森林和旁边的棕榈树种植园之间往返，交通好不热闹。"

① 森林片段化（forest fragmentation）：指由于认为或自然的原因使原本大面积连续分布的森林变成空间上相对隔离的片段的现象。——编注

两个种类不同的栖息地相交之处，即一边是森林、另一边是棕榈种植园的情境，被称为群落交错区。这些边缘空间对生物多样性有着多种多样的影响。众所周知，猩猩在棕榈种植园的树上筑巢；穿山甲也喜欢棕榈果；老鼠会吃收割时掉下来的棕榈果实；然后，所有老鼠都是蛇最爱的食物，比如眼镜王蛇。

“这些种植园导致了当地许多物种灭绝。”萨顿博士回应道，“在棕榈树上筑巢的猩猩往往是种植园工人消灭的目标。总体而言，与原始森林相比，棕榈生态系统的多样性和复杂性都有所降低。这是一个老鼠生态系统！”

夕阳西下，我们跟随萨顿博士来到他的办公室，那儿可以俯瞰海洋和两座小岛，的确验证了他的说法：这里有“世界上第三美的日落”风景。大型纵帆船停泊在海湾中，当天空飘向黄昏时，快艇的尾流像白色闪电一样，在令人着迷的黑暗中闪烁。一张华贵的桌子上堆满了论文和老旧的研究期刊。屋内播放着古典音乐，布谷鸟自鸣钟伴着节拍嘀嗒作响。我想象萨顿博士深夜在此，听着贝多芬的一首协奏曲，仔细检查着他的飞蛾，反复思考它们面对的危险，以及试图利用自己昔日荣光的余晖，把那些尚存的飞蛾归档的最佳方法。

* * *

我感到筋疲力尽。又是一天，又是一个空空如也的爪哇金丝燕洞穴。在一场关于由谁控制进出洞穴的家庭冲突中，有人在山洞里烧毁了一个轮胎。蝙蝠留了下来，但几乎所有金丝燕都飞走了。

我不禁开始思考，想在偏远地区找一个带有价值比黄金还高且闪闪发光的白燕窝的原始洞穴，纯属是幻想。事实证明，这次的燕窝研究比我想象的更加令人恼火。这是一个充满双重背景的故事、模糊的数字和隐晦细节的秘密世界。真相难以查明，翻译过程丢失了数不清的信息。

我采访的许多人都给了我可怕的警告——*你必须小心。你不能只是到处问问题。你会有麻烦的。野生动物和森林部门存在大量腐败问题。这是一个危险的课题。*我想人们总是有某些好奇心，尤其是女性。

世世代代的人前往婆罗洲搜寻某种物品，包括猎取人头的蛮族、马术师、疯女人和海盗，或者只是为了记录一种正在消失的生活方式——存在于大片雨林中的文化随着树木一起消失了。我来到婆罗洲也是出于同样的原因。为了寻找一些原始且难觅之物，即原始自然的最后遗迹。

但这里似乎已经没有野生的边界了，我只是在追求野生的家养动物。19世纪探险家们所描述的森林生态系统已经不复存在。这些地方的智慧永远消失了，就像亚历山大图书馆里被烧毁的手稿一样。在我们有机会一睹那里的神秘一探究竟之前，我们还在继续摧毁仅剩的一点东西。婆罗洲的森林流失率是世界上其他热带地区的两倍。未知的物种在我们发现并将它们的死亡添加到可怕的统计数据之前，就已经灭绝。

我厌倦了寻觅野生鸟类。如果这一行为还有更深的奥秘或意义，那它一定漏掉了告诉我。我厌倦了普通的搜索方式。任务已经变得很像燕窝所代表的含义：青春的源泉、乌托邦的梦想、没有解决方案的悖论、浪漫的海市蜃楼，我已经没办法再坚持下去了。

我在自然保护区里一间的吊脚小屋里过夜。天黑后，一位野生动物导游带我进入沼泽森林，一个古老而令人不安的动物园：那里有漂浮的蜘蛛、火蚁、带条纹的黄蜂、香蕉大小的黑色蝎子，还有一只腹中装满了卵的半透明的青蛙。小巧的磷光蘑菇遍布地面。色彩斑斓的小鸟将头埋入蓬松的羽翼，像球一样在树上打盹，而蛇则盘绕在高高的树枝上睡着了。青蛙叫喊的声浪此起彼伏，仿佛它们在我的脑袋里。阵雨忽至。动物们躲在树上，消失在保护性的绿色中，我回到了我的小屋。

我感到不安，如同安眠于黑暗的鸟突然被一束探照光捉住，陷入对突如其来的光明的恐惧。上一轮和猎人的短信，让我有些退却。

*距离令人悲伤，但一切都没有改变。这就是距离的结果。*他写道。

在我们猎到驼鹿的地方，在那片美丽的湖边，在高大的树木和乌鸦的啼叫中，在相互依偎和爱的陪伴下，我们像水面的光泽般映射在对方的眼中。真的能这么快结束吗？

他写道，*你不应该追逐任何人。我现在无法在你的生活中扮演你想要的角色，如果你不想，或是感觉无法和我保持这样的联系，我可以理解。*

我身体内外都有一种危机感。就好像我无法将我们曲折的爱情故事，与这个灭绝时代的后果区分开来，仿佛历史不是存在于时间维度，而是空间维度，不是线性叙事，而是一系列平行的事件。我的思想如同破碎的生态系统的混乱反映，四分五裂，支离破碎，不再是凝聚的整体。我的心中仿佛饥荒肆虐。

我走上后甲板。婆罗洲是一个有着一亿三千万年历史的岛屿，在如此漫长与世隔绝的时间里，进化出了极其复杂的独特生态系统。这片小小的雨林有着无穷无尽的美丽。在这里，自然通过视觉上的隐喻来表达其神性，存在着深度体验时间多样性的可能性。一棵已经活了五百年的树会拥有怎样与众不同的视角呢？这些生物标志着季节的潮汐，就像我们用太阳的快速升起和落下，标志着我们的每一天。

爱上猎人意味着什么？被他爱？真正热爱大自然意味着什么？但凡我们渴望被控制，想要明确和改善自己的弱点，就只会让我们心碎。热爱自然是一种不确定的行为。

也许我没有能力去爱。也许我从未爱过猎人，只是爱他的思想。我不该相信这些念头。尽管我如此作想，但它们依然是错的。

也许这是一段脱离外界的经历，一段不得不在自身找到归宿的经历。热爱自然就是一种精神解放。

在黑暗中，在枝叶的帝国下，我脱掉衣服，赤身裸体接受雨水的冲刷。一百万片树叶让雨滴变成热烈的白噪声。我全身湿透。硕大的蚂蚁爬上我的腿。华美的世界万籁俱寂，从我身旁溜走，仿佛生命力被按下了暂停键。倾盆大雨越下越勇，达到了新的高潮。

呼吸声和沉闷的雨声是我能听到的全部。

这一分钟即是永恒。

我的悲伤化为百万星辰。

笼罩着我的树吞噬了全部时间。

* * *

燕窝无迹可循。我因此来到了克拉比特高地山区（Kelabit Highland mountains）一处未通公路的村庄里，开启了不限区域的一日旅程。这里没有野生洞穴，传统也没有完全消亡，但绝对已然显示出了衰败迹象。我住在丹尼尔（Daniel）家，他是一位稻农，和妻子茉莉（Jasmine）背井离乡，共同经营一家生态旅游公司。他们的孩子在外地寄宿学校上学，本地学校因为没有学生和资源支持关闭了。待在一个没有年轻人的村落里，难免有些奇怪。

他们阁楼上的露台令房子没有办法隔绝变幻莫测的天气、泥土的气味、森林的声音，或偶尔飞过的鸟儿。下雨时，潮湿的空气涌入屋内。

丹尼尔家的发电机坏了，我只能在烛光下奋笔疾书，他需要从城里买些零件。昨晚有电的时候，我们还一起听了美国乡村音乐。

丹尼尔把他的头戴式前照灯递给我，因为我的灯坏了。“用我的。”他朝我推了推，就像过去几天里推香烟、炸洋葱圈和米饭一样。这是一种咄咄逼人的款待，我不太确定该怎么办。拒绝让人觉得不礼貌，但接受他的善意也是如此。我想起了我祖母把食物推给孩子的故事。*吃，吃！你太瘦了。*

附近的村庄根据河流命名，按照惯例，居民们至少会更改三次姓名：结婚时改一次，生下第一个孩子后改一次，以及生下第一个孙子后改一次。

水稻是克拉比特[①]文化的重要组成部分，其生长的每一个阶段都有不同的词语来代表：秧苗、成熟的茎秆、未脱壳的稻谷、脱壳的大米、捣碎后的碾米、米粥、米粉。

---

① 克拉比特（Kelabit）：婆罗洲砂拉越－北加里曼丹高地的土著民族。——编注

走进稻田像是一次伟大的冒险。从屋后出发，穿过焚烧土地后长出的喜光蕨类植物，进入一片开阔的牧场。凹凸不平的地面上布满了水坑和树桩之类的凸起物，所有地方都散落着被水牛咬断的马唐草。除此之外，这里所剩的唯一植被，是水牛不吃的紫色地表灌木。牧场的边缘，一只水牛的颚骨卡在一棵枯树的弯曲处，像是一块路标。

我们走进森林，走过一块有两千年历史但一侧已经开裂的巨石。森林中有许多像这样的石碑，每一块的设立都有这样或那样的目的：纪念酋长的财富、标记边界或成人礼、祈祷、展示力量、与精神世界连通，或是埋葬传家宝以备不时之需，比如商人从海滨带回的印着中国龙的古董缸。为了换取修建石碑所需的劳动力，酋长会为整个村庄的居民，通常也包含邻近村庄的，举办一场盛大的宴席。当酋长死后，他们会清理土地并竖起另一块巨石，用以纪念葬礼。表面光滑的石器内存放着死者的骨头，石器底部堆积着烧焦的稻米碎粒。

林中小径已经磨穿了薄薄的深色腐殖质表土，露出了下面的几层沙子。我们爬上堤岸，保持着平衡走过因苔藓而溜滑的原木，结果鞋子陷进了黏性淤泥中。挣脱后，我们到了另一片开阔而美丽的牧场，可以看到山坡的草地上点缀着几头水牛，忧郁、沉默而平静地凝视着它们的白鹭朋友，远处绿灰色的树木笼罩在一片雾中。几分钟后，我们来到一个大门外，站在由一棵树一分为二做成的阶梯上。阶梯每隔一定的距离就被劈开了一道切口，像楼梯一样，上面满是泥泞，湿滑无比。沿着蜿蜒的小路，我们来到小溪上的一座竹桥。上周，一场近八英尺高的洪水淹没了河岸，几乎摧毁了这座桥。

穿过桥，经过一片竹林，便可以进入一处围着篱笆的果园，里面种着苏铁树、香蕉树和果树。远处是波光粼粼的稻田，绿油油和淡黄色的水稻，映衬着郁郁葱葱的森林。

“这就是我们的简单生活。”丹尼尔指着广阔的土地说，“这里的农业不像美国：大农场，好工作，钵满盆盈。在这里，农民注定代表贫穷。但无论如何，我喜欢这里。我们种植了世界上最好的水稻。”

尽管它很壮观，但这里并不是一处原始的景观，而且可能在好几代人的时间里都是如此。过去，这里烧荒垦田，与刚果盆地森林中所用的方式非常相似。通过焚烧清除了森林的一部分植被后，薄薄一层泥炭所含的肥力仅够种植一两年的水稻。无法种植水稻之后，田地会被种上木薯、山药和油棕，直至完全废弃。接下来的十到二十年，这片土地将慢慢再次恢复为森林。

大约五年后，村落住民离开他们长久生活的家园，搬迁到新天地。离开前，村落住民会栽下榴梿之类的果树。当他们重归故土时，成熟的果树将再次欢迎他们回家。原始森林的一些区域被保护起来以供狩猎。这里还有“女性之林”，即为各种资源而保留的次生林，包括植物性食品与药品、用于吹箭筒和钓鱼的有毒植物、房屋建筑和烹饪所需的树叶、用来制作篮子的棕榈藤条，以及达玛树脂，人们用这种树脂与来自海岸地区的人交换珠子、罐子和铁。

这种在全世界热带森林中广泛实行的土地轮耕方式，特别善于利用土壤中的碳，并创造了一种包含各种食物的动态地形。人类对该区域的每一次干扰和废弃，都会导致森林重新布局，为各种生物创造生态位。这种人类与自然间互惠且不可预测的伙伴关系是一种不同种类的驯化，它不会使土地退化，相反，在许多情况下，该地区的生物多样性实际比无人地区的森林更为丰富。自然和文明间的区别变得模糊。

19世纪，克拉比特人转而栽培水稻，这项技术很可能是由基督教传教士引进的，而村民们仍然种植着他们曾祖父辈首次种植的传家品种。池塘汇入雨林过滤后的山涧。稻田既是蜻蜓、蝴蝶和其他授粉昆虫的栖息地，也是鲇鱼和罗非鱼的栖息地。水稻被收割后，水牛会吃掉剩下的植被；当它们在水中行走时，它们的排泄物有助于为下一茬作物施肥。人们把脱粒后的稻秆喂猪，或是制成扫帚，或是焚烧后将灰烬用作菜地的肥料，又或是把它们扔回稻田里以返还土壤养分。二到五年后，池塘被沉积物填满，这些地区最终重归森林。

男人们拿着手工锻造的砍刀在稻田里劳作。丹尼尔模样英俊，身材矮小却魁梧，留着整齐的胡子和一头板寸。在两个穿着鲜艳工作服的年轻人的帮助下，他的工作速度很快。他们艰难地穿过湿软的田野，不再吹嘘，也忘记了痛苦。男人们把切好的稻秆铺在编织垫上，在阳光下晒干。

女人们坐在一间背阴的小屋里，用一把把金色的稻谷拍打着铺着垫子的地板。随着每一次重击，谷物从稻秆上落下，最终聚成一堆。我们周围充满鸟鸣和笑声。

三只体型中等、条纹如虎的猎狗在女人间闲荡，无所事事，开心地度过了一天。

丹尼尔的妻子茉莉穿着蓝色的连体裤，戴着简单的金耳环。打了几个小时谷后，我们去休耕的稻田里钓鱼。她光着脚站在泥水中，用一张网小心翼翼地捕捞小银鱼和像蛇一样的长鱼。突然，她撞到了什么尖锐的东西。她的脚指甲被割裂了，鲜血直流。几乎没有流露出片刻痛苦的表情，她拿起一把手工锻造的帕朗弯刀[①]，将挂着的指甲碎片削去，继续她的工作。

我对她锐利的勇气和微妙的魅力感到惊讶。在过去的几天里，她很少说话，总是待在一旁，分外像个幽灵，此时，她像是她丈夫影子后的一道亮光。她让我想起了那些在金沙萨市场上售卖野味的坚韧不拔的女性，她们平静地生活却充满力量，

① 帕朗（parang）：东南亚地区常见的弯月形砍刀。——编注

决心在艰难的生存任务中找到某种程度的快乐。

茉莉抓住了一堆鱼，她用帕朗弯刀给已经死去、身体却还在扭动的鱼刮鳞，直到鱼鳞漂浮在水面上，像一颗颗璀璨的宝石。午餐时，她在稻田边的火上用辣椒和大蒜煮鱼。用大柊叶包裹的软饭是我们配鱼的主食，几乎每餐都要吃。这是一种巧妙的备餐方法，即使不处于冷藏状态，大米也可以完好保存长达两天，桨状的叶子还可以当作盘子。

午饭后，我光着脚走回家，脚趾间全是泥。带着绿色斑点的翠叶红颈凤蝶像幻影一般绕着我飞，一只落在了我的鼻子上。天空随着午后的季风变暗。预感到一场倾盆大雨即将来临，一群鸟冲上天空，然后突然转向一栋房子的屋檐。一位老妇人正在修篱笆，一个男人坐在打开的窗户旁看报纸。位于村庄中心的教堂的钟声响起，像是漫长的一天后发出的叹息，一群狗听到钟声后齐声欢呼。

晚上，我们又吃了几条稻田鱼。茉莉把鱼扔进热油里，炒锅里响起一阵噼里啪啦的声音，油炸的香味像山雾一样萦绕在空气中。

* * *

我徒步走进稻田外的原始森林，不时停下脚步，聆听陌生的鸟鸣声和生态警报，听起来像轮胎的刮擦、扭动生锈的水龙头，以及十二点时祖父的钟奏响的电铃；丛林孔雀在哀泣、银叶猴嘎嘎大叫。我看着一队无尾长臂猿在我头顶上方荡来荡去。树木流着像烛蜡一样的白色汁液，树皮剥落。奇怪的有毒毛毛虫浑身长着长长的白毛，看起来像是背井离乡的海洋生物。蚂蟥从树叶和树枝上伸出来，想搭着某物去别的地方。猪笼草和兰花竞相生长。可食用的白蘑菇从枯叶中得意扬扬地探出头来，它们的生命只有几天。树冠将阳光折射出一片辉煌。这里是一间充满不规则存在形式的活生生的图书馆，是一曲体现了生物多样性的交响乐，在对本质上无限的东西进行详叙。当我停下来喘口气时，森林在低语，在颤动，是一种生与死的狂欢。

雨林层层叠叠，又密又深。每一步都像进入一个新房间，空气闻起来全然不同。有时像茉莉花一样甜，有时又臭又恶心，但到处环绕着绿植清新的味道，带着一丝微妙的腐味。森林里喧闹的信息素的香味萦绕在我周围。

尽管热带森林只占地球陆地表面的7%，但它们却包含了这个星球近一半的物种。种类繁多不代表每种生物的种群数量丰富，生物多样性的作用因而显得有些多余。森林并不是一系列的比赛，相反，它需要依靠互惠互利和相互依存的框架。拥有许多具有相同功能影响的物种意味着，如果一个物种意外灭绝，那么许多依赖它的生物仍然可以生存。

每隔二到十年，许多树种会同步开花，森林里结满了水果和坚果。从进化上来说，树木开花结果有助于抑制以种子为食的生物生长，只需一年就可以在两者的竞争中占据上风。接下来的几年，以种子为食的生物不得不忍饥挨饿，生物种群规模受到控制，从而增加了树苗生长的可能性。我们不知道是什么导致了结实事件[1]的发生，很可能是亚热带季风导致的偶然波动。世界各地的森林中都有类似的群体性结实事件。也许树木只是喜欢在其他树的陪伴下，展示它们硕果累累的繁殖仪式。

在这一小片高地雨林中，有超过八百一十九种植物，其中六百六十八种已被命名，包括一百五十一种兰科植物、三十种姜科植物和四十一种蕨类植物，以及八个属的植物未被鉴定到物种级别。1922年进行的一项研究发现，居住在这里的人经常使用一百四十八种不同的植物，用于二百五十多种不同的用途，从药品、食品、香料，到房屋、船只、工艺品、家用器具、装饰品和玩具的材料。他们用植物让猎狗变得凶猛、用植物治疗水牛的疾病，还把它们用作鱼饵和水源，甚至用植物帮孩子断奶。雨林似乎提供了他们所需的一切。

我偶遇四个人用一棵倒下的大树做独木舟，他们需要几个星期才能完成这个工程。当我看着这群技艺娴熟的人挥舞着链

① 结实事件（masting event）：作者此处或指大年结实（mast seeding），即多年生植物种群周期性同步大量繁殖的一种自然现象。—— 编注

锯和手工打造的工具时，山上某处传来枪声和野猪的尖啸。

* * *

房子下面堆着一堆空瓶子和啤酒罐。“圣诞节留下的”，丹尼尔说。他们在假期里喝了四十升苏格兰威士忌，宰杀了一头水牛，全村人一道吃了顿丰盛晚餐，尽情跳舞。

丹尼尔今晚邀请了几个人来吃饭，费了一番努力确保我们有电可用。他的发电机还是坏的，而且他一直很担心冰箱里的肉，它们闻起来开始变质了。今天，他拉着一根白色的电线穿过树林，绕着围栏，再用他从森林里砍下的V字形长树枝支撑着，一路用胶带这么贴着穿过村庄，接到了邻居的发电机上。

“没那么强，”他指着我们头顶闪烁的灯泡说，“电力。”手机上放着美国乡村音乐。房间内回荡着歌词，“上帝一定是一个牛仔”。

我们在一张长长的手工木桌上吃饭。房间通风，屋顶铺着茅草，可以从屋内欣赏到黑色尖角弯曲的水牛在玫瑰色的日落中吃草，一派优雅的田园风光。自由放养的鸡在吊脚楼下啄痒，在它们喜欢的地方产卵，不受躺在鸡群间泥地里的狗的侵扰。长臂猿的叫声响彻山谷。豚草和花蜜与来自葱翠山林的凉风交织在一起。

我们吃着“世界上最好的大米”，搭配新鲜采摘的盐水黄瓜、一碗碗由野猪软骨制成的咸肉汤，还有茉莉在从稻田回家的路上采摘的丛林蕨。下一道菜是一种淡黄色的蘑菇，在一口大银锅里烹制，加了大蒜和当地人自制的盐。这种蘑菇对当地人来说贵得买不起，不过丹尼尔的朋友向他借了水牛去森林，又拽出了他用来蒸发矿泉水的木柴，于是他得到了一小盒蘑菇作为补偿。蘑菇尝起来柔嫩顺滑，类似刚刚冲洗完的鸡油菌，失去了一些林间泥土的风味。

"来自我们的丛林超市！ 回回新鲜。"丹尼尔一边说，一边放下一盘野姜花炒鸡蛋。当天早些时候，我小心翼翼地把细长且火红的花瓣从茎上摘下，算是帮着准备了这道菜。姜花尝起来很嫩，像是因坠入爱河而红了脸，带着与姜根同样强烈的泥土气味，只是风味更为寡淡也更酸，来自潮湿空气的魔力取代了土壤的影响。

家猪只在特殊场合食用，他们平日里都是吃野猪。今晚，我们吃野猪排骨，装进旧油桶的排骨被火烤熟，上面还支棱着几根烧焦的粗毛，猪排又甜又辣，烤得完美。我在肉上放了一勺特辣辣椒酱。

我的胃口越吃越大。雨林中过盛的雨水令食物软嫩，味道柔和。但高海拔和寒冷增加了辛辣味，赋予舌头有趣的尖锐感。

要想获得鲜美的棕榈芯，需要砍倒一整棵苏铁，这种树上长满了黑色的尖刺，就像中世纪的刑具，是蚂蚁的家园。当我和丹尼尔一起去收割棕榈芯时，我们碰巧遇上了两条沿着泥泞小路延伸却中途断开的 PVC 管道。“村里一定停水了”，他既沮丧又无奈地说道。棕榈树最里层的内芯被切成薄薄的圆片，与大蒜和小葱一起烹饪。棕榈芯几乎呈半透明状，有着蛇皮似的花纹。

相比之下，木薯叶的味道更苦些，但同样美味，充满植物营养素。我陶醉在叶绿素中。烹饪之前，人们需要把木薯叶先装进锥形木质容器中，用又长又重的杆捣成浆。这是一项相当困难的工作，但茱莉做起来似乎毫不费力。她操使用来碾碎香料、捣碎大蒜和制作辣椒酱的巨大石臼和杵也是这样的。

茱莉制作料理时怀有一种源于谨慎习惯的敬畏，晚餐风味的灵感来源是野生食物自身。在这些细碎的时刻，当她认为没有人注视着她时，我捕捉到了她一丝极美的微笑。我看得见她。

至于甜点，有发酵过的油炸麻花和菠萝，菠萝是当天早些时候从邻居家的院子里摘来的，撒上了棕灰色的克拉比特盐。多汁且味酸的菠萝和棱角分明的盐粒带来风味的启示，我又吃下两片作为晚餐的完美结尾。

我思考着八个月前在诺玛餐厅吃的午餐。这会是诺玛餐厅想要做的吗？复苏土地为我们提供的崇敬感，重造一种共荣的关系。在这里觅食，和我在哥本哈根阿西斯滕斯公墓觅食截然不同。觅食是本地常见的做法。对我来说，摆在我们面前的野味宴席是一场非凡的盛宴，但对其他人来说，这只是一顿简单的晚餐。

入夜，我花费大量时间和坐在我对面的男人聊天。“我第一次离开家去吉隆坡上学的时候哭了。”阿贡（Aguan）告诉我，“我和我们村所有男孩都哭了。大哭，然后我们去城市的排水沟里钓鱼，希望借此摆脱悲伤。每个人都取笑我们。”

成年后，他在婆罗洲各地从事轮胎交易，很少再回位于高地的村庄。阿贡与当地的关系似乎有些矛盾。他渴望过去以及过去的传统，但对自身的成长环境有着深深的羞耻感，因此也对它们抱有偏见。“我的母亲是村里最后一个有着被耳环拽长的耳垂、戴着沉重的黄铜饰品的人。家里没有盘子和银器，我们用丛林里的叶子替代一切。我们曾经开玩笑说，‘克拉比特人的盘子多得很！’老人们会用树叶包米饭，再塞进竹子里用火烤制。我的孩子们没法了解，以前的生活是什么样子。不卫生的食物。我们完全像猴子一样靠森林生活。”

阿贡停顿了片刻，脸上闪过沉思的表情。“但从其他方面来说，现在的情况更糟。这里曾经有一间诊所和一所学校，田野旁还有一栋L形的长屋，甚至还有一处简易的飞机着陆场。以前村里住着二百人，现在至少减少了一半。克拉比特人的总人口也只剩五千七百人，当地语言正在消亡。我们的文化几乎消失，孩子们不再学习如何在森林中生存。”

他咬了一口蘑菇，剩下的部分就插在叉子上。“直到最近我才知道这些蘑菇是可以吃的。它们不是有机蘑菇，而是森林里的原始蘑菇！

“但我希望会有更多的年轻人回到这里，留存我们的知识。修路肯定会起点儿作用，原计划是明年完工，但他们空口说了太多年，而到目前为止什么都没做成。路如果修成，一定是好事。当然，不是所有人都同意我对修路的看法。”他环顾桌子，看看是否有像丹尼尔这样的反对者发言。

没有道路的地方很少见，而且变得越来越少见。人类历史上第一次，全球超过半数的人口生活在城市地区。许多推挽因素促成了这一转变，城市居民和道路数量预计都将增加。这种转变对我们和地球都将产生深远、不可预知的进化后果。

在这里，道路代表着可能性和必然发生的巨大变化。它会以某种形式带来财富，但也会带来外部强加的控制。人们对土地的依赖减少，过往的思维模式不复存在。人们担心这条路会增加毒品交易数量，连通也意味着更多可购买的商品，更多的垃圾和更多的噪声。

来自某个地方意味着什么？为了拥有完整的文化？纯洁意味着什么？又有什么关系？这个村庄已然变得混杂，被卷入全球化影响已久。丹尼尔在解释森林中的事情时，很可能会参考探索频道里的说法，就像他借鉴祖先的智慧；或许柏林的某个地方，一名妇女正在拉长她的耳垂，拿着手工锻造的菜刀。

不过，不可否认，此处还是与众不同的，它的僻壤包含着我们不应该失去的重要事物。这里的生活需要花费时间。需要多少时间，就必须实打实地花费出去，生活蕴藏着非货币意义的巨大价值。学会读懂森林需要多年的实践，只有了解了森林，才能保护森林；一旦森林消失，那么砍伐树木或忘记这里曾经存在的一切，都会变得更加轻易。

这个村庄能够应付游客涌入吗？对当地人和野生动物来说，游客存在的害处往往大于其益处吗？生态旅游是解决方案吗？我不知道。如果现代保护成为一种纯粹的消费体验，自然便有进一步陷入效率和资本的逻辑之下的风险，不再保持其野性。商品化本身就是一种驯化。

但是，如果没有游客的财富，这些地方还能生存吗？即使一些野生动物已经习惯了相机镜头，但拯救它们不是更好吗？即使他们不是为了自己，而是为了将技艺待价而沽，但保存下传统技能不是更好吗？作为游客，即使我们来这里是为了摆脱物质利益和技术带来的陷阱，但我们又有什么资格说这些地方必须保持“野性”以供我们消遣，有什么资格拒绝让稻农享受我们所享受的物质利益和技术呢？

我在琢磨自己到访这个地方的动机。我渴望走进荒野享受一次超凡脱俗的解脱，渴望与当地人邂逅，是否源于殖民思维？

当我讲述在短途旅行中的简单乐趣时，我很容易忘记这些时刻对破坏性经济体系下的物质和财富的依赖，就像它们依赖高山和森林以坦然应对时间一样。我有幸忘记了我退居荒野所依赖的资本主义网格。生态旅游分离了我们对大自然的想法与对工作的看法，它让我们相信原始，即使下一个山坡即将被破坏。

晚餐后，男人们抽着印度尼西亚的烟草——纯用纸卷，不用胶水，卷烟燃烧时要紧紧捏住，以免它七零八落。白色的烟雾消失在黑色的夜空，潮湿的风将其吹散，了无痕迹。一丝丁香的芬芳与我脚下燃烧的绿色蚊香的味道混合。多莉·帕顿（Dolly Parton）的声音从收音机里传出。茉莉的中指因昨天被昆虫叮咬而变得又红又肿，她一直很担心，总是去摸那块红烫的皮肤，好像虫子还在那里。

毫无征兆地，一只长着长针、像龙一样的黄蜂俯冲下来，攻击我们的桌子。丹尼尔的侄女把它的头部压扁，然后用蜡烛把锋利的尾部点燃，这样就不会有人意外被蜇了。显然，这种生物死了也很危险。

知了叽叽喳喳。我脑子里满是乡村的权术。

客人离开后，丹尼尔和我看着星星。我指出了猎户座和南十字星，宇宙的光点就这样被任意地命名与定型。世界那么多的地方再也看不见星星，它们因百万盏更明亮的灯而暗淡。但这些星星仍旧闪烁，如同我童年里的星星。天空澄澈，没有云层意味着空气出乎意料的冷冽。地平线上偶尔可以看见闪电，远处的暴风雨照亮了隐藏在黑暗中的山脉轮廓。它们让我想起了新墨西哥州的群山，就像日落时分长臂猿的叫声，听起来像是隐藏在沙漠旱谷里的郊狼。

“回家乡去”这个想法在我的脑海中盘旋，就像一条莫比乌斯带。我意识到自己一直在经历无处安放的痛苦，我在想念一个不复存在的野生家园。

* * *

思乡症或许并不是因为地点，而是因为过往。

有关猎人的记忆像房间里的鬼魂一样缠绕着我。我们一起度过的时光碎片像枯叶、像过去季节的残留物，浮现在“现在”这块光滑透亮的玻璃表面。

一天下午，我发现丹尼尔坐在厨房里，一边抽烟，一边用黑色的金属茶壶烧水。厨房的一面墙是一棵长满地衣的树，树上钉了一颗钉子，上面挂着形状奇怪的野猪肥肉。

丹尼尔递给我一条干煸毛毛虫。毛毛虫在我的嘴里爆裂，释放出滚烫且带有蛋腥味的液体。嚼劲十足的虫身又卡在了我的嗓子眼里，就像我在刚果吃的毛毛虫一样。

我坦白，我满脑子都是猎人。黎明时分，他生火煮咖啡；为了寻找偷猎者，他漫长而艰难地在森林中穿行探索了一个月；

我想起了一天晚上，我们躺在床上时，他在我耳边低语的话："你知道我不止一次遭到枪击。偷猎团伙中有传言说我是无敌的。当你试图活着的时候，这其实是一个非常糟糕的谣言。"

我的眼中流露悲伤，我知道自己看起来一定疯了，这个问了这么多问题的孤独旅行女孩，曾经一手拿着相机、一手拎着笔记本，因为她的好奇心围着每个人转，居然总是会不由自主地流泪。

在婆罗洲，鸟类曾经被当作预兆，它们的不可预测性与世界的不规则性完美匹配。它们以确切的方式随机行动。事物之间的因果关系不是独立的，而是相互关联的。

我们该如何退回那个导致我们关系失败的决定？我们必须朝着过去走多远？

我记得我在金沙萨逗留的最后一晚，猎人和我一起去希腊俱乐部吃饭。我已经不记得这顿饭的内容和环境，只记得吃饭时的感觉。每一口都要细细品尝，时不时还要抿一小口甜酒，然后停下来冲对方笑。

猎人穿着一件借来的白色西装外套，对他来说有些太大了。我们坐在长廊里用水晶和陶瓷的餐具吃饭，旁边混凝土地面都已开裂的庭院里，有三个人在打篮球。那位年迈的希腊侍者双手疲惫，给我们端上用食油和淡绿色橄榄烹饪的小鱼。那个夜晚仿佛不受时间影响，存续只因它存在，与过去或未来的预言无关。每一次心跳都托举起一个宇宙。夜晚随着时间的推移变得崎岖褶皱，但每一刻都感觉太过短暂。

* * *

房子因人类的苏醒而颤动。茶匙的叮当声，茉莉轻柔的歌声。雨下了整夜，我想到了更多事。湍流的雨水令天空黑暗，院子出现了水洼和小河。清晨，丹尼尔便早早离开，带着他的妹妹和侄女去了镇上，不知道他今天会不会带着这么多水和泥回来。

我参观了另一家民宿，见到了年纪更大些的屋主萨莉哈（Saleha）和她的丈夫图安（Tuan）。门前长长的木质走道两旁摆满了兰花盆栽。他们的房子里到处都是手工艺品、装饰精美的瓷器和萨莉哈用珠子自制的摆件。储藏室的凹槽像乡村商店一样陈堆满了罐头食品。墙上是褪色的老旧旅行海报：*婆罗洲的隐藏天堂*，*砂拉越的金色日子*，*砂拉越的彩虹尽头*，颜色柔和。其中一张海报上，木槿花围绕着一个长得像洋娃娃的女人。她戴着头饰，神秘地笑着。另一张海报，一只猩猩在调戏一群蓝蝴蝶，而一只看起来充满敌意的巨蜥沿着海报的底部行走。

我坐在餐厅里喝茶，萨莉哈坐在我的对面。我们透过巨大的纱窗，望着边缘处种着菠萝的宁静稻田，还有绿色的牧场和连绵的山脉。

萨莉哈最近去了趟城里，告诉他们她不想要这条路，她想让这个地方保持原样。“你很幸运，能在修路前来这里。有了公路，我们将变得和其他通路的村庄一样。我觉得，可能就是今年了。”她沮丧地说。也许她已经与这种变化抗争了很长时间。

“即使有路，游客可能也只是来吃个午饭就走。”图安说道，试图振奋妻子的情绪。

“可能吧，但我希望政府能帮忙让河道旅游更可靠些，再把被洪水淹没的垃圾捞出来。游客们来这里是因为此处的罕至与其留存的传统，人类学家和考古学家来这里为了学习。说说吧，你为什么来这里？”

我借此解释自己找寻野生燕窝汤的挫败。

“你别说。”萨莉哈神秘地看着我说，“我的姐姐嫁给了一个男人，他的祖父在巴兰中部（Middle Baram）有一个燕窝洞。最优质的洞穴之一，有爪哇金丝燕和大金丝燕的燕窝。”

萨莉哈突然站起来，消失在厨房里。她带着一个粉红色的特百惠饭盒回来，里面装满了她姐姐多年前送给她的燕窝。

“这些燕窝是从一个石灰岩洞穴里采摘来的，洞穴周围种满了果树和油棕，旁边是丛林密布的丘陵和一条河。洞穴低矮，只有七八英尺高，所以你可以摸到洞顶。政府想开采这个洞穴，我姐姐就把它注册成燕窝洞穴，然后提出了抗议。但仍有人威胁要占领整个地区。”

当萨莉哈说话时，我慢慢意识到这是我曾试图参观但无法到达的洞穴之一。我看着这些燕窝，与我所见过的颜色纯白、模样统一的家养燕窝相比——这些特征精准地反映了它们是工业化生产的——这些野生洞穴里的燕窝美丽繁复，在美学意义上杂乱无章。它们从潮湿的洞穴壁上吸收了矿物质，所以看起来像是石笋贝壳，又有橙色、粉色和黄色的条纹，边缘弯曲，色泽红棕，只含有少量绒毛状的灰色羽毛。

“我从来没有想过有人会来这里找燕窝……”她说着，声音越来越小，然后转向窗外。

我那天晚上回来得稍晚。萨莉哈戴上了一串铁锈色的珍珠项链。陶瓷杯里盛着燕窝汤，是用盐、鸡蛋和“在炎热和潮湿的天气间采摘”的蘑菇炖煮的。长长的燕盏丝像银河般漂浮在汤上。汤里漂着一些羽毛，凭萨莉哈那年迈的视力是看不到了。制作这碗燕窝汤需要付出劳作令我感动，其中既包含人的努力，也包含自然的努力。

我喝了一勺。燕窝很软，但明晰可辨，有嚼劲，滑滑的，几乎像是皮革的质地。我又喝了一勺。

“慢点，慢点。我们这里要慢慢品尝食物。”

时间是什么味道？*吸溜*。这汤太奢侈了，经过了姐妹俩之手，花费数年，居然有机会遇上我。*咕咚*。我吞下一大口。有着胜景的偏僻小村——一个日益逼近暴戾世界尽头的前哨，和友善的陌生人一起吃的最好的一道奢侈佳肴。*抿一小口*。这汤是遗物，是艺术品，是消失的生活方式本身。

“你能感觉到吗？”萨莉哈笑着说。

开始任何探寻前，所有的可能性同时存在。但要继续探寻，就得抛弃某些具有可能性的道路。当我们发现正在寻找的东西时，第一个冲动就是只关注已经发生的，好像这是故事中最重要的部分。但是，失误和死胡同，以及我们放弃的无数东西，也是让我们找到出路的原因。我们的记忆只是那些我们未能忘记的经历。

我没有办法把这场盛宴的细节和体验本身区分开来，也没办法在谈论体验时，不提及它与任何其他食物的细微差异。所有的成分，无论是无机的还是有机的，似乎都在互相歌唱，构成一首共同即兴创作的赞美诗。

我又喝了一口汤。或许鸟儿也一直在找我。

注释：

1. “每个人都告诉她……”：Annie Brassey, *The Last Voyage* (London: Longmans, Green, 1887), 177.

野　草

无限的开始——幸存者的未来——万年地图——交感

我的旅程从放弃物质享受开始。我退居荒野，揭开表象，重新触摸本质。让我的思绪飘荡，让我感受不再被时钟束缚的时间的流逝。

开端是相对且多样的，一个开端往往包含着另一个开端。所以，我将重新启程。

我乘着波兰的火车。还有几个月，我和猎人的初遇就满一年了。

我参观了立满大屠杀纪念碑的森林，那是几代人的悲痛，与时间和鲜血紧密相关。种植、凋零、伐倒，以及士兵们的步履匆匆。笔直的树木仿佛在嘲弄我焦虑的时刻。我喝着美味的汤，吃着神秘的肉、泡菜和卷心菜，卷心菜多到超越玩笑的程度，俨然是一种烹饪炼狱了。

我猜想，这里会有我一直在寻找的其他东西。一种家的感觉。一种滋养。一些或许深埋于我内心之物。我想起了曾祖母掌控自己野性的方式。在有着如此暴力历史的地方觅食，一定很奇怪。

我参观了遍布珍禽的草原，麦鸡和长脚秧鸡在高高的茎干之间潜行。这些草原并非天然形成，是已经消亡的草业文化的遗迹。几个世纪以来，人们在沼地上种植与收割，镰刀和钐刀砍倒了一切。随着时间推移，这些古老的田野化身为野生动物的栖息地，形成了独特的多种濒危物种栖息的生态系统。

波兰保护组织必须每年种植和割去干草，并不是因为这样做仍然有利可图，而是为了维护鸟类的栖息地。森林是人类缺席的稳定征兆，一旦失去人类的干预——我们停止焚烧草地或收割田地——乔木和灌木就会开始入侵，像警戒的哨兵一样发芽，世界上的许多草原将不复存在。

拯救这些住在草原上的稀有鸟类需要一场斗争，我们需要管理那些不保护就无法存续的土地。我们已经开始欣赏这种古老的、人为打造的自然，并愿意花费大量资源让其保持现状，仿佛它是自足的、无限的、永恒的。我们基本上驯化了整个景观。这算是后自然还是再野生？

长期以来，自然野性的概念反映了我们的欲望和渴求，正如它植根于真实的物质世界。我们的欲望将世界从一个客体改造成了一个具有主体性的景观，而我们赋予野生动物的意义，正是我们自我驯化的扭曲反映。

自然野性不再是“人类不是什么”的生动例子，变化的自然是复杂的图腾。一旦发现我们所有的自然景观都是人为打造的，我们又何必再继续借用纯粹的符号。我们已然密不可分。大自然在我们心中唤起的崇拜和虔诚，崇高的敬畏和恐惧，都会回到我们心中。曾经的分歧，现在的结合。征服与被征服。

与自然选择一样，驯化是一种微小而缓慢的实践，最终会导致大规模的变化。狩猎发生的场所是整个动物界，共生和互利关系非常普遍，但其他物种之间的驯化相对少见。这似乎是一种特别适合群居物种的资源管理形式。如果说，驯化曾被看作为了符合我们的需要而扭曲动物的自然本能，如今它却被认为是一种共同进化。这不是一项自发的创造，而是已经出现在狩猎和采集文化中常见做法的延伸，结合了某些动物和植物的固有本能和特征。

为什么我们的物种会在如此短的时间内进化出如此多的共生关系仍是一个谜。要想把野外的范畴扩大到我们的家里，我们就必须先驯化自己。从许多方面来看，我们的健康程度并不如我们成日采集狩猎的祖先。人们在家养动物的好处上各执己见，但至少在数量上，家养动物远远超过野生动物。狗已经成为世界上数量最多的大型食肉动物。野外一只虎，家中十万猫。

但遗传学研究表明，野生和家养动物的类目并非一成不变的，它们取决于少数调节基因的变化。驯化是一系列关系的谱系，而最有趣的发生在其边沿，充斥着大量片段，并通过其不连续性结合。

野生和驯化从来都不是纯粹的范畴。范畴和定义之间没有边界，也没有实际的界限。被俘的野兽不一定总能被驯服，又有时，即使是最温顺的野兽也必须回到野生的生活中去。

* * *

火车穿过一座水上花园，沿着河畔疾驰，这条河一路蜿蜒，与远处湖面的微光相遇，清风拂过，水草漂荡。一只白腹鹳在腐殖质里搜捡着什么。云彩聚集在头顶，鸟儿是带来消息的预兆。

湖的边缘有一座混凝土地堡，是第二次世界大战期间建造的。曾经是国王和沙皇狩猎区的森林，变成了纳粹将军们的狩猎保护区，他们烧毁了周围一切涉嫌窝藏敌方游击队的村庄，并且修建秘密隧道和乱葬坑，玷污了当地的林地。

地堡的金属门是带些灰黄的粉红色，随着时间推移而弯曲变形。粗壮的树根从发霉的门内钻了出来。蘑菇从埋着尸体的土壤中发芽，就像纪念战时屠杀的天然纪念碑。森林慢慢收回了曾令人类自恃的权利。

地堡顶部是一个简单的木质祭坛，颜色像蜂蜜。陡坡上的房屋顶端，竖立着一尊用白石灰雕刻的十字架上的耶稣。两排长椅用手工凿开的木头做成，坐到这个简易凳子上，正好可以看到湖面风光。这是一座在各个方面都适合做礼拜的教堂。如果你在这里多坐会儿，在顶部显露出橙色的欧洲赤松的神圣荫蔽下，你会看到树木像旋转的陀螺一样生长，慢慢盘旋着伸向天空。当它们用木脂纤维包裹自己时，树木会脱落下手掌大小的红色树皮薄片。你可以数数枝干的年轮，纪念一下逝去的岁月。木十字架被粗钉钉在树上，随着时间的流逝，它们的位置日益向上，离地面越来越远，就像它们代表的悲伤一样。

我想象着来做礼拜的人，每一次祈祷都提醒着战争和侵略。每一首赞美诗都被给予了足够时间去见证，树木总会重新生长。

我在想，什么是无法挽回的。我想起了那些用商船自由通行的权利换取标本的殖民地博物学家们。多数情况，海洋有自己的计划，数月和数年的精心工作会因沉船、风暴或海盗袭击而付诸东流，丢失在不知名处的沸水之中。薄纸上的画和潦草的笔记散落于海浪。被压平的树叶和装着昆虫的容器陷入混沌，陷入无用且浸水的历史中。

我想起了在类似的船上被奴役的非洲人，只带着他们母亲传授给自己的草药知识，或有效，或有毒，以及他们最珍视食物的种子，如同自由的遗物，而移民定居者们则毫不留情地与大量野生鸟类开战，日夜享用禽鸟的遗产。我想起了美国原住民为了建立荒野保护区而离开自己的家园，还有无数已经消亡且有可能永不会再现的绿海龟，它们被肢解然后被吃掉。我想起了比利时属刚果的男男女女，他们在橡胶和象牙贸易中失去了双手，如今，他们的祖先继续在熟悉的鬼魂环境下狩猎。

我的母亲家族史也因战争和移民而丧失。我背井离乡，正如大多数人。我们是应许之地的流亡者。我们都承受着我们母亲的重量，还有它们母亲的重量。埋藏在己身之重，随诞生而存在的重压。他们为爱而做出的牺牲，为生存而保持的沉默。

在因饮食和景观而失去野生食物的过程中，我们失去了一些难以言说的东西。沉默太过响亮，已经自成其声。我们面临着一场精神危机，一种比任何心碎都要强烈的、有关人类存在的孤独。如果没有野性赋予的狂喜，就要面对寡淡的未来。

当然，我们不能重归野生食物为生。人类太多，但剩下的荒野不多了。我们需要许多土地来充饥。但对许多人来说，野生食物仍然是必需品，且永远不会成为奢侈品。野生食物可以从路边获得，掉落在皮卡车的后面仍然冒着热气[①]。这是来自土地的礼物，人们感恩可以在寒冷的夜晚享用丰盛的炖菜。

① 作者此处或指路杀动物。——编注

我们正处于一个转折点。这一刻定格在历史上，改变了未来的潮流，而剩下的一切随时间流动。我们该如何重新获得我们失去的习俗，创造新的神话？我们该如何学会抚慰自身，治愈过去的创伤？对野性的赋魅不是要将自身从生态网络系统中剥离，而是将我们纳入网络思考。每一次行动都是一种生态行为。我们必须重新适应黑暗和静默。

我妹妹继承了我母亲植物炼金术的天赋。她对着植物唱歌，它们是她的孩子。她的花园总是脏乱不堪。玉米秆上缠绕着一团豆子，叶子中间夹着西红柿。她的南瓜和胡萝卜混种在一起。花丛中有鸣禽。

我妹妹正在成为一位种子保护者。她将这些种子与人交换。最近，她从特苏克·普韦布洛（Tesuque Pueblo）的一个种子储藏室，收到了珍惜品种的苋属植物和香蜂花，就在我们长大的地方。她喜欢告诉我几十年前在这些沙漠山谷里种植的西瓜品种，有一层厚厚的果皮来保持水分，可以在白天炎热、夜晚寒冷的地方茁壮成长。

我妹妹的植物学仪式是对土地的保护和祝祷吗？她是在负起我们管理地球的责任，还是提醒我们自身只是微小的光点？是悲伤还是庆祝？也许两者兼有。

认为人类是保持自然野性的重要组成部分这一观点由来已久，必须牢记。我们有能力为丰饶创造条件，有能力为与我们共享地球家园且无限多样的生物的共同繁荣创造条件，有能力去爱幸存下来的自然。决定我们想要去的方向就靠我们自己了，向星星低诉这些咒语。

这些古老的种子像圣餐一样，照亮了我们通向生存未来的道路。

*　*　*

一盘食物是无形之物，是空间和时间，是经济和自然的象征。它将我们与历史的网络联系在一起。吃饭这一行为多么崇高！但我们很少会对这样的魔法感到敬畏，因为吃饭是必做之事。吃得太少，我们的肚子就会痛得咕咕叫；吃得太多，我们的肠胃会胀得不舒服。我们一起吃饭，我们一个人吃饭。

无论是富有的游客还是贫穷的难民，我们的口腹之欲驱使我们探索世界。无论是否有意，为了满足我们最深切的烹饪渴望，我们塑造了大自然。这个世界仍然靠本能运转。我们想要脂肪、糖分和珍馐；想要响亮的音乐和快速的汽车；笔直的树木和喧闹的野生动物保护区；我们想要稳定和狂野的爱。那么多相互冲突的欲望。

某个时刻，我们学会狩猎和采集，从此化身为人。一旦我们克服了维生的必要问题，我们便将智识转向追求完美。我们创新改革，坚信传统已被打破。但后来，几乎作为一种愿望，我们试图变戏法一般再现没有掺杂过量苦味的过去，以及它纯粹而简单的饥饿感和满足感，还有直接的感官体验。我们的口腹之欲中正包含这种矛盾。驯化带来的钝感让我们感到安慰，但我们渴望野生的味道。

生活在这样的矛盾中有无限的痛苦，但这就是我们的全部，是我们最美丽的缺点。成为凡人和信者，成为局部和主体，成为身体和心灵。

这一演变的分支点在哪？是从我们学会驯服火焰并发明熟食开始的吗？有了第一颗火花，我们开始相信自己的独立性。还是从农业的兴起开始的吗？我们开始定居某地，忽略了野生动物的迁徙，减弱了我们自己随季节迁徙的本能。我们抛弃了从行动中获得的知识，创造了历史，但它也只不过是一种解释不断出现的无行动力现实的方式，而这种方式似乎每过一个季节都会变得更加难以控制，就像我们田地里的杂草一样。也许是殖民主义或是工业革命的扩张？互惠互利的关系被权力的关系所取代。代代相传的过程中，我们开始相信时间是线性的，而大自然是独立的。我们被稀缺的观念所吸引，它驱使我们前进，也给我们带来了进步的负担。

但即使我们对现实进行了解释，对这个世纪和下个世纪之间的界限进行了划分，也很难知道目前这条道路是如何形成的。也许并不存在单一的解释，就像一棵树的枝杈或一条河奔腾的支流，万力汇聚，天人合一。

我们今天拥有的自然是这段历史的产物，我们留给明天的自然是我们自己的地图。今天，我们不仅感受到了自己的错误，还感受到了上千代人累积下来的影响。土地告诉我们，人类曾对它所做的一切的真相。能够在我们的攻击中幸存下来的物种，是那些能够生活在边缘的物种，它们生活在一种土地用途和另一种土地用途之间的过渡地带，生活在我们已经干预和被遗留下的空间里。它们在管理体系的漏洞中过着支离破碎的生活，反抗着事物的标准状态。大自然仍然无处不在，即使我们已经对它太过熟悉，无法给它增添异域风情。

也许边界一直都是虚构的，我们追逐的幻影只标记了我们流浪的尺度。也许，到最后，我仍一无所知。

我们可能会将历史视作真相的可靠储存库，但它其实完全依赖于幸存下来的材料，这些材料不会因伤亡或疏忽而消亡。这正是一种采集行为，存在任意性和偶然性。第一批归档的材料是具有随机性的记录，不是依据有条理的目录建立，而是通过我们收集保存下来的东西，和我们主动遗忘的灭失之物建立。

如果我们希望走出的迷宫就是历史本身呢？如果反过来，我们能画一张跨越一万年的地图吗？它看起来又会如何？你可以想想，但答案无处可寻。如果我们把所有被排除在外的事物都纳入其中，这样的地图肯定会一团糟：几乎没有人注意到的小事、模糊的剩余回忆、一件亲密故事的安静细节。

我曾经看过一张猎人小时候的照片。瘦骨嶙峋、赤膊，光脚骑在一辆摩托车上。他看起来很严肃，但又带着温和的微笑，好像他已经知道了人世间普遍悲剧的秘密，但在其中，人们总能找到快乐。他一直是一个身份冲突的人，既是野生动物的猎人，又是保护者；既是科学家，又是伤感主义者；既充当着爱人，又是一个孤零零的人；既是俏皮的故事讲述者，又是忧郁的愤世嫉俗者。

有时，当我坐在办公桌前，试图写些东西时，我会想起他，想到他默默地穿行在另一个地方的森林深处。为了大象和倭黑猩猩，他冒着生命危险，这不是一件小事，但直到我们分道扬镳后，我才完全理解他深切的责任感和牺牲。我审视自己生活的模样，在深夜里写稿，不断更换单词，直到感觉对了 —— 更改、离间、奸计 —— 也许他在临时的森林营地中看到了午夜的月亮，周围是被远处偷猎者的声音唤醒的军人。

我们的爱情故事诞生于之前汹涌的骚乱中。猎人和我是机缘巧合下的恋人，通过一段残酷且对环境有害的殖民历史结合在一起。我们偶然成了恋人。

我们在彼此身上找到了一个转瞬即逝的家园。它不是精心打理的花园，也不是颓废的荒野，是由一层层的泥土和鲜血、鲜花和果实、春天的第一簇嫩芽和秋天的凶猛野兽建造，是对我内心深处某种东西的深刻认识。爱上猎人是一次与我们这个未经驯化的、自由的、充满野性优雅的星球的邂逅。

我不能说我只是这些荒野中的一名游客。最终，我们都会是这里的游客。我们短暂地消耗了地球上的快乐，只留下回忆和垃圾。过去作为未来的记忆而存在。

每一次狩猎，就像每一次伟大的爱情，都有某种故事性的仪式，是对追求和最终捕获的讲述和复述。在随后的每一次讲述中，细节都略有不同，但整体思想只会更加稳固。这是一个关于两个人参与古时娱乐的故事，他们都知道这种命运纠缠不清的奥秘，但都不理解其真意。

随着每一次痛失所爱，我们的心都会进一步打开，让我们能够再次更深入地去爱。失望和毁灭性破坏的遗留之物必须被牢记，但我们的内心随着不断了解自己而膨胀。

野生食物的供应，就像爱情的供应一样，总是包裹在叙述性的语境中。它关系着一个地方，关系着当地居民，关系着长达数小时的安静等待，关系着各团体合作屠宰的过程，关系着你手上的鲜血、舌头上野味的滋味，以及我们一直知道的结局即将突然降临。

当我开始旅程时，我并不认识猎人，但即便是现在也很难说我是否真的认识他。尽管如此，我还是发现了他追踪猎物的美。成为猎人意味着追逐光明，但采集就是寻找影子。

* * *

火车正在提速。森林变成了小城镇，变成了大城镇的郊区。一名憔悴的男子从一栋混凝土公寓楼的顶层窗户向外张望，天空因下雨而灰蒙蒙的。

这些天，我发现自己经常在一阵恐慌中醒来，但也许这只是我经过被掠夺来的土地时的与感觉相关的交感神经的症状。我常常对相信未来这种态度心存戒备，尤其是当过去似乎可以衡量未来的走向。但如果我们不相信未来，我们就必须活在不可靠的当下。

就其本质而言，觅食是不可预测的。因为无法预知，所以没有路线图。你不能计划、无法期待；你不知道需要多长时间，会发现什么，或者后续会变得多糟。相比于任何其他品质或外在表现，正是这种不可知的状态，令其与农业区分开来。

觅食是对空间和时间相对性的体验。它需要一个平静的大脑来集中注意力，这样你的感知就会被扭曲。随着时间的推移，你的眼睛会扫描森林地面的小细节，仿佛它们就是被设计用来识别蘑菇、浆果或草本植物的确切大小和颜色。然后在下一刻，一切都变慢了，变得宽敞了。你可以一下子看到整片森林的地面、起伏的苔藓、冷杉幼苗的柔和曲线、透过山毛榉和赤杨的光隙。

陆地不再是仅含细微内部波动的静态集合，而是同时同步的集合：它是正在发生的事情，也是一种陈述。我们的目光从任何一种主导观点，转向去均质化和多元化。我们栖居于自身，我们宛若归乡。

我的曾祖母通过自己的DNA传递了这种品质，这种双手与身体和工作间的亲密关系、这种寻找的信念、这种寻找被丢弃的无关紧要之物的冲动，首先受到必要性的驱动，然后受到欲望使然好奇心的驱动。我们骨子里都有这样的品质。这是我们作为人类的继承物。

当我去新墨西哥州的山上寻找长在山杨下的牛肝菌时，我想起了隐藏在记忆深处的一些东西，这是一段我没有经历过却无比重要的体验，它通过血脉传承下来时，是一种固定在我体内的感觉适应[①]，一种森林的迟滞现象[②]。也许，这些是肉体的记忆，是由几代人的恐惧和生存造成的。我们什么时候可以再吃饭？*我们什么时候可以再回家？*

我不会擅自想象埃丝特活得特别不快乐，但她一定很少感到满足，而且总是劳累过度，她是既骄傲又懂得自我批评的女人。也许她觉得童年的森林是一种安慰，一个脱离小村庄束缚

① 感觉适应（sensory adaption）：指刺激物对同一感受器持续作用，使感觉阈限发生变化，导致对后来的刺激物的感受性提高或降低的现象。——编注

② 迟滞现象（hysteresis）：指一个现象与另一密切相关的现象相对落后延迟。——编注

的地方。森林是极其寂静的地方，就像一座又大又空的寺庙，有一层由几代倒下的人铺就的模样如针一般却柔软的草地，森林上方的松针在微风中不断起伏，空气中弥漫着朽木的沉闷气味，就像宗教用香一样。也许是因为埃丝特的整个人生都建立在严格遵守外部秩序、遵守他人强加的结构之上，所以那些没有详细准备的日常生活，都像怪异而难以控制的药物。

新传统的出现将不是某个事件所决定的，而是一种积累。即使历史试图让它所创造的许多微小的、反复出现的时刻沉寂下来，我们也可以保留我们的记忆，将其嵌入不断变化的地形和它提供的食物中。记住，这是一个开始，而不是结束。

我曾祖母采集的野植是什么？是豕草还是牛防风[①]？人们过去常用野生植物做罗宋汤，那是不是在没有钱买甜菜的困难时期的替代品？他们用的是酸模吗？会是含有草酸味道更苦些的东西吗？

我们知道行动但不知道细节，知道事件但不知道时间，知道地形但不知道植物种类。也许它像边界一样随着季节的变化而变化。

火车一直在开。

此刻，光线渐暗。田野、房屋和购物中心看起来既可爱又

① 豕草（hogweed）和牛防风（cow parsnips）都是独活属的植物。——编注

简单，揭示了如此复杂的过去和不确定的未来。

这是埃丝特喜欢的味道吗？还是那种味道带来了回忆？每一口都是回忆，那她的口中岂不是充满了怀旧？也许这是一种方式，可以让她梳理散落在过去的零散碎片，让她平复像童年那样在巴洛克宫殿的影子下觅食的渴望，是痛苦之毒的解药，也是无处安放的悲伤的补药。在一座新的城市里，在一种流离失所的生活的喧嚣中找到一些宁静，如此明亮而疯狂。只要记住，大多数经历都来自远方，都来自自身的决断。也许当她喝完最后一口罗宋汤时，她发誓将不再害怕，因为在她的心里，她知道一切都会回来。